现代高效农业种养技术

李绪孟　王迪轩　主编

化学工业出版社

·北京·

内容简介

本书分水稻种植技术规范、经济作物种植技术规范和畜牧水产养殖技术规范三个部分，精选并总结了 40 个农民合作社、公司、家庭农场、种养大户，在水稻、蔬菜、中药材、茶叶、果树、油茶等种植业和猪、牛、家禽，以及甲鱼、青蛙、黄颡鱼等养殖业方面的典型经验，展现了种养过程中新型经营主体试验示范和推广应用的新品种、新肥料、新农药、新设施、新技术，系统总结并提炼了种养技术要点，上升为可复制的规范化技术操作规程。

本书图文并茂，可操作性强，适合长江流域广大水稻、经济作物的种植大户以及畜牧水产养殖的新型经营主体阅读，并可作为农村培育新型经济主体、农村实用型技术人才等的培训资料。

图书在版编目（CIP）数据

现代高效农业种养技术/李绪孟，王迪轩主编. —北京：
化学工业出版社，2022.1
ISBN 978-7-122-40231-8

Ⅰ.①现⋯ Ⅱ.①李⋯②王⋯ Ⅲ.①农业技术 Ⅳ.①S

中国版本图书馆CIP数据核字（2021）第227048号

责任编辑：冉海滢 刘 军　　　　　　　　装帧设计：关 飞
责任校对：杜杏然

出版发行：化学工业出版社（北京市东城区青年湖南街 13 号 邮政编码 100011）
印　　装：北京瑞禾彩色印刷有限公司
710mm×1000mm 1/16 印张13 字数265 千字 2021 年 12 月北京第 1 版第 1 次印刷

购书咨询：010-64518888　　　　　　　　售后服务：010-64518899
网　　址：http://www.cip.com.cn
凡购买本书，如有缺损质量问题，本社销售中心负责调换。

定　　价：58.00元　　　　　　　　　　　　　版权所有　违者必究

前言

　　湖南省益阳市赫山区是个农业大区，据 2020 年国民经济和社会发展统计公报，全区实现地区生产总值 408.35 亿元。农业经济稳中向好，实现农林牧渔总产值 92.77 亿元。全区粮食播种面积 104.86 万亩（1 亩 ≈ 666.7m²），其中稻谷播种面积 99.83 万亩。油料种植面积 7.98 万亩，蔬菜种植面积 27.91 万亩。粮食总产量 45.61 万吨，其中稻谷产量 43.71 万吨。全年出栏生猪 46.79 万头，出笼家禽 617.73 万羽，蛋品产量 4.45 万吨，水产品产量 2.95 万吨，茶叶 3947 吨，蔬菜 75.27 万吨，水果 4.36 万吨。可见，种养业在赫山产业中占有非常重要的地位。

　　赫山区科技专家服务团，是以习近平新时代中国特色社会主义思想和党的十九大精神为指导，按照省委、省政府关于实施乡村振兴战略总体部署要求，根据《湖南省人民政府关于深入推进农业"百千万"工程 促进产业兴旺的意见》（湘政发〔2018〕3 号）、《关于万名科技人员服务农业农村发展的实施意见》（湘科发〔2018〕134 号）和《湖南省科技扶贫专家服务团工作管理办法》（湘科发〔2018〕156 号）等文件的精神要求，结合赫山区实际，在区委组织部人才工作领导小组和区科技局的领导和支持下，于 2019 年 4 月 25 日成立的。成员最初有 28 名专家，2020 年 10 月已发展到 81 名，由省市科技特派员、"三区"人才、区有关部门人员、农业新型主体技术带头人组成。根据产业特色，下设"水稻产业组""经济作物产业组""畜牧产业组""水产产业组""林业产业组""农机水利服务组" 6 个小组。

　　科技专家服务团本着统筹科技创新资源，整合人才力量，推动"三区"科技人才行动落地，鼓励和引导科技人才向农村艰苦地区和基层一线流动，推动科技人员服务农业农村发展的目标，全面开展扶贫、扶智、扶业服务，为全面脱贫攻坚、实施赫山区乡村振兴提供了强有力的科技支撑。

为系统总结赫山区在水稻、蔬菜、中药材、茶叶、水果、油茶等种植业和猪、牛、家禽，以及甲鱼、青蛙、黄颡鱼等养殖业的高产高效种养典型经验，科技专家服务团与一些技术成熟、经济效益和社会效益良好的农民合作社、家庭农场、种养大户等新型经营主体对接，收集整理了 40 项高产高效种养经验，特别是成功探索了 7 种"稻+"模式，在种养过程中专家与新型经营主体一道，大力推广应用新品种、新肥料、新农药、新设施、新技术"五新"技术，系统总结并提炼了种养技术要点，上升为可复制的规范化技术操作规程，形成本书，以供周边地区发展同类产业参考。

本书的编写初衷是希望通过对现代农业种养产业经济效益、社会效益、生态效益的总结和分析，为规范和引导区域产业发展、为乡村振兴提供产业发展新思路，助推产业的理性和良性发展，助力种养殖业振兴。

由于时间紧迫，编者水平有限，书中不妥之处欢迎广大读者批评指正！

李绪孟

2021 年 8 月

目录

第一章

水稻种植技术规范

第一节
水稻机插秧栽培技术规范

一、典型案例

益阳市乡约农牧农业科技开发有限公司（图1），土地流转面积达1800亩，目前拥有旋耕机6台、收割机5台、高速插秧机4台、烘干机4组。粮食储存库、烘干房、蔬菜阳光大棚、农机库房、办公餐饮综合楼、农产品配送中心（图2）等基础设施一应俱全，是一家集种植、养殖、生态休闲于一体的综合性开发公司。公司负责人曹颂斌（图3）着力把现代农业和休闲旅游结合起来，倾力打造现代休闲、观光、旅游农业。现年生产总值达到1000万元，实现纯利润150万元以上。吸收周边剩余劳力120人，解决贫困人员就业40人以上，人均劳务收入4.6万元以上，年接待游客1.5万人以上。

公司在水稻种植区采取绿色防控、农药化肥减量和重金属治理等多项技术集成，尤其是水稻机插秧栽培技术（图4），从浸种、催芽到育秧全过程采取智能化、规模化、

图1 乡约农牧农业科技开发有限公司外景

图2 公司农产品配送中心

图3 公司负责人曹颂斌观察禾苗生长情况

图4 水稻机插秧场景

工厂化作业，在提高秧苗素质和生产效率方面效益显著，同时为周边的种植大户和农民提供育秧和机插秧服务，带动作用明显。从 2017 年起，公司开始对机插秧技术进行探索与总结，整理了机插秧的各项技术规程。现介绍如下。

二、技术要点

1. 育秧

（1）**品种选择**　选用优质高产、分蘖力强、抗逆性好的早中熟品种。适合本地栽培的早稻品种有湘早籼 45 号、湘早籼 32 号、中早 39、株两优 819，晚稻品种有农香 42、华润 2 号、泰优 390、桃优香占等。

（2）**种子质量**　种子质量应符合 GB 4404.1—2008《粮食作物种子 第 1 部分：禾谷类》标准，即大田用种常规稻纯度不低于 99.0%，净度不低于 98.0%，发芽率不低于 85%，杂交稻纯度不低于 96.0%，净度不低于 98.0%，发芽率不低于 80%。

（3）**用种量**　每亩大田用种量，早稻常规稻 3.5 ～ 4.5kg、杂交稻 1.5 ～ 2.0kg；晚稻常规稻 3.0 ～ 4.0kg、杂交稻 1.0 ～ 1.5kg。

（4）**种子处理**

① 晒种　浸种前选择晴好天气晒种 1 ～ 2d，避免高温暴晒。

② 选种　利用风选法选种，去除空秕粒和杂物。选用商品种子的，可直接进行浸种。

③ 浸种催芽　可选用 15% 咪鲜胺乳油 15mL 或 10% 氰烯菌酯悬浮剂 10mL 浸种消毒，兑清水 25kg 浸泡种子 25kg。早稻浸泡 15 ～ 20h，中稻及一季晚稻浸泡 12 ～ 15h，杂交稻浸种时间可适当缩短。早稻浸好后将种子上堆入袋或直接播于装有基质土的秧盘内（机械流水线播种），保持催芽环境温度 30 ～ 32℃，湿度 95% 以上，必要时翻拌种子以水调温防止烧芽烧苞。中晚稻浸好后置于室内，每隔 8h 用清水洗 1 ～ 2min，1 ～ 2d 内可自然催芽。破胸露白率以 90% 以上为宜，催芽后将芽谷置于室内摊晾，达到内湿外干、不粘手、易散落的状态。选用 0.75% 多菌灵·0.03% 多效唑可湿性粉剂或 25% 噻虫·咯·金甲种衣剂拌种。

（5）**秧田和秧盘准备**　选择靠近大田方便运秧、灌溉条件好、土壤松软肥沃、地势平坦、背风向阳的田块，按秧田和大田比常规稻 1：（40 ～ 50）、杂交稻 1：（50 ～ 60）备足秧田。播前 7 ～ 10d 带水翻耕耖平，开沟起厢做好秧板。厢宽 1.3 ～ 1.4m，沟宽 20 ～ 30cm（沟泥育秧的沟宽 50 ～ 70cm），沟深 15 ～ 20cm，四周开围沟，深 20 ～ 30cm。然后排水晾板，播前铲高补低，做到板面沉实不陷脚，平整无高低，无残苔杂物，秧板整齐沟边直。

机插秧专用标准塑料秧盘规格一般为 58cm×21.5cm×2.8cm，选用无破损、无变形、盘面清洁的秧盘，按每亩大田常规稻 45 ～ 50 盘，杂交稻 40 ～ 45 盘备足秧盘。每亩早稻秧田另需准备宽 1.4m、长 280m 的农膜。另可适当准备水育秧或抛秧用于补苗。

（6）**基质土准备**　选用合格的商品水稻育秧基质或自制腐熟后的育秧基质。主要技术指标：pH 值 5.5～7.0，总孔隙度 50%～80%，水分≤30%，容重 0.3～0.6g/cm³，有机质≥40%，氮磷钾≥2%。重金属限量指标应符合 NY/T 525—2021《有机肥料》的要求。各组分混合均匀，无霉变异味和结块。自制基质一般选择菜园土、耕作熟化的旱地土，或者是经过秋耕冬翻春耖的稻田土，不可选用荒草地及当季喷施过除草剂的土壤。秧盘底部基质厚度 1.5～2cm，盖种基质厚度 0.3～0.5cm，以不露芽谷为宜。

2. 播种和苗期管理

（1）播种期和播种量 宜采用机械或半机械播种方法，确保播种均匀、出苗整齐。播种期按插秧期与秧龄逆向推算，确保秧苗适龄移栽。早稻一般在 3 月中下旬播种；晚稻一般在 6 月中下旬播种。播种密度按常规稻每盘播 100～120g；杂交稻每盘播 50～70g。

（2）秧盘摆放 芽出基质土 1cm 后摆盘，播前 1d 灌平沟水，待床土充分吸湿后迅速排水，秧盘平铺在做好的秧板上，整齐紧密排放，盘底与床面紧贴接触泥土。如采用泥浆育秧方法，秧盘扫入泥浆，土层 2～2.5cm，分次匀播，播时不陷谷，播后轻踏谷。早稻摆盘后沿秧板四周整好盘边，盖好农膜，封严封实；晚稻可露天育秧。

（3）苗期管理 播后保持平沟水，保持秧板盘面湿润不发白，盘土含水又透气。移栽前 2～3d 及时揭膜炼苗，灌半沟水，使床土软硬适当，便于起秧机插，并视苗情施好"送嫁肥"和"送嫁药"，每亩用尿素不超过 5kg，20% 氯虫苯甲酰胺悬浮剂 100～150mL 兑水 30kg 药液喷雾，做到带药移栽。

3. 插秧

（1）插秧期 机插秧一般早稻秧龄 20～25d、中晚稻 15～20d，叶龄 2.5～3.5 时移栽，茬口、气候等条件允许时应尽可能提前插秧。适宜移栽期早稻在 4 月上中旬，中稻 5 月上中旬，晚稻在 7 月上中旬。

（2）大田耕整 大田耕整要求根据茬口、土壤性质采用相应的耕整方式，机插秧对大田耕整质量要求较高。机械作业深度不超过 20cm，泥脚深度不大于 30cm，泥土细而不糊，上软下实。田面平整，田块内高低落差不大于 3cm，表土硬软适中，田面基本无杂草残茬等残留物。插秧前水深 1～3cm，泥浆沉淀不板结。

（3）插秧密度和方法 机插密度一般按常规稻每亩 1.8 万～2.2 万丛，每丛 3～6 株，行株距规格为 25cm×（12～16）cm；杂交稻每亩 1.8 万～2.0 万丛，每丛 2～3 株，规格 25cm×（16～21）cm。在确保秧苗不漂、不倒的前提下，应尽量浅栽，机插到大田的秧苗应稳、直、不下沉。机插深以不大于 20mm 为宜，作业行距一致，不压苗，不漏苗，伤秧率和漏插率均低于 5%，机插完成后视情况及时人工补苗。

4. 大田管理

（1）施肥 早稻每亩大田施用纯氮（N）11kg、磷肥（P₂O₅）6kg、钾肥（K₂O）10.5kg；中晚稻每亩大田施用纯氮（N）11kg、磷肥（P₂O₅）7kg、钾肥（K₂O）12kg。一般以

"重施基肥、适施蘖肥、不施或少施保花肥"为原则，基肥占总氮量的60%～70%，结合大田耕整时施用；分蘖肥占总氮量的30%～40%，分两次施用。

（2）**灌溉** 按照"浅水护苗活蔸促分蘖，适时多次搁田，薄水孕穗浅水抽穗扬花，灌浆期干湿交替活熟到老"的原则进行水分管理。栽时浅水机插，栽后及时灌水1～2cm，湿润立苗浅水早发。分蘖期间歇灌溉，够苗期适时搁田，当田间苗数达到预期穗数的75%～80%时即脱水搁田，多次轻搁。拔节孕穗期保持2～3cm浅水层。抽穗结实期坚持干湿交替灌溉，不可断水过早，确保青秆黄熟，注意防止倒伏。

（3）**病虫草害防治** 根据当地病虫情报和防治意见及时做好病虫草害的防治工作。机插秧行距较大，秧苗较小，杂草防除除结合整地施肥进行以外，早稻需在机插后5～7d，中晚需在机插后3～5d，每亩用30%丁·苄可湿性粉剂100～200g或10%苄磺隆可湿性粉剂20～30g＋35%丁草胺可湿性粉剂40～60g拌细砂或追肥施至大田进行封闭性除草。把握好除草剂施用时间和药量，并按药剂使用要求保持水层5d左右。分蘖盛期重点防治二化螟，分蘖末期至孕穗期重点防治纹枯病、稻纵卷叶螟。破口抽穗期重点防治稻瘟病、纹枯病、稻曲病和二化螟，灌浆结实期注意防治穗粒瘟、纹枯病、稻飞虱和稻曲病。

5. 收获

籽粒黄化完熟率达85%以上时及时收获。

（谭卫健，李琳，曹立芳）

第二节
水稻抛秧技术规范

一、典型案例

红胜青明家庭农场位于益阳市赫山区欧江岔镇欧江岔村，负责人段照（图1），拥有固定资产360万元，生产厂房占地面积6900m²，办公场所420m²，培训教室面积620m²，机械仓库停放棚1600多平方米，储粮仓库达3200m³；大型烘干机6组、大型旋耕机6台、高速插秧机8台、育秧流水线1台（套）、收割机6台、植保飞机4台、担架式植保机15台、大型拖拉机5台、中型货车2台、小型大米加工线1组、半喂式打捆收割机2台、一整套生物质颗粒生产线、叉车1台及其他农机具162台，实现了水稻生产的全程机械化，推动了周边小农户与现代农业的有机衔接。农场规模逐步扩大，流转土地从最初83亩到如今1568亩，并由单一的水稻种植发展成水稻种植、烘干、加工、销售及技术示范，秸秆回收、社会化服务等，致力于发展现代农业和打造水稻生产全产业链，推动一二三产业高度融合发展，年经营服务总收入达到278万元，纯利润65万元。

2021年，早稻育秧面积达124.9亩，其中水田育秧114.5亩，旱土育秧10.4亩，可供5000多亩大田移植。

农场注册以来，坚持"艰苦奋斗、务实创新"的原则，以"以点及面、示范带动"为运营模式，在水稻种植上摸索出了一整套适合当地情况、可供农民学习应用的水稻抛秧技术（图2）。现将该农场的水稻抛秧技术流程介绍如下。

图1　农场负责人段照在田中查看水稻生长情况　图2　农场抛秧田场景

二、技术要点

1. 育苗技术

（1）**秧田选择** 选择排灌方便、土层深厚、土质较肥沃、杂草少、离大田较近的稻田做秧田。早稻秧田要避风向阳，中晚稻秧田要通风凉爽，秧田与大田的比例以1：20为宜。

（2）**秧田准备** 播前7～10d带水翻耕耙平，每亩施复合肥（N：P：K=21：7：12）30kg，施后翻耕，使其均匀分布在10～15cm土层中。

（3）**作厢** 厢宽1.3m，厢长10m左右，沟宽0.25m，沟深0.1～0.15m。早稻开厢方向以东西向为好，利于受光、防风。播前铲高补低，做到板面沉实不陷脚，平整无高低，无残茬杂物，秧板整齐沟边直，泥土要细。早稻秧田另需准备宽1.5m的农膜。

（4）**秧盘选择** 参照NY/T 390—2000《水稻育秧塑料钵体软盘》选用标准秧盘，每亩大田需要308孔/盘秧盘100～120片。

2. 播种技术

（1）**品种选择** 早稻可选用生育期适中的湘早籼45号、湘早籼32号等品种。中稻及晚稻可选用农香42、华润2号、泰优390、桃优香占等高档优质稻品种。

（2）**播种期** 播种期按移栽期与秧龄逆向推算，确保秧苗适龄移栽。早稻一般在3月中下旬播种，中稻一般在4月上中旬播种，晚稻一般在6月中下旬播种。

（3）**大田用种量** 每亩大田用种杂交稻1.5～2kg、常规稻5～6kg，种子质量符合GB 4404.1—2008《粮食作物种子 第1部分：禾谷类》规定。

（4）**种子处理** 播种前晒种1～2d，晒后用风选法或用相对密度1.06～1.13的盐水精选种子，选种后用清水洗净，商品种子可直接浸种。

（5）**浸种消毒** 可选用15%咪鲜胺乳油15mL或10%氰烯菌酯乳油10mL，兑清水25kg浸泡种子25 kg；早稻浸泡15～20h，中稻及一季晚稻浸泡12～15h，杂交稻浸种时间可适当缩短。

（6）**催芽** 早稻可采用保温或密室催芽法，确保湿度100%，30～32℃破胸，25～30℃催芽，防止催芽过长和烧芽烧苞；中稻及晚稻可将浸泡好的种子置于室内，每隔8h泡清水1～2min，直至破胸。

（7）**拌种** 催芽后将芽谷置于室内摊晾，达到内湿外干、不粘手、易散落的状态。选用25%噻虫·咯·精甲种衣剂、"碧护"等拌种（图3）。25%噻虫·咯·精甲种衣剂每10mL拌种3.5～5kg；"碧护"每1～2g拌种3.5～5kg。拌种后静置2～4h再播种。

（8）**摆盘** 将厢面刮平后摆放秧盘，秧盘要紧靠，用木板轻压，使秧盘底部与苗床充分接触，切忌秧盘悬空，播种前泥浆扫入软盘孔穴的1/3～1/2。

（9）**播种** 采用播种器或人工撒播等方法播种，每孔播杂交稻1～2粒，常规稻3～4粒。播后轻踏谷，扫净盘面孔外泥土，保持可见秧盘孔格为度，以免造成串根。

图3　种子拌种消毒防病防虫

3. 苗床管理技术

（1）**出苗期**　早稻需盖膜保温保湿，保证出苗快而整齐，膜内温度不能超过35℃。中晚稻露田育秧。中晚稻1.5叶时，视苗情和品种，每亩苗床可用300mg/kg多效唑药液30～40kg喷苗，要保持床面干燥，以免药害。

（2）**2叶至3叶期**　早稻秧苗及时通风炼苗，控制土壤湿度，促进根系生长。当叶龄达3叶时即可全部揭膜。移栽前2～3d施好"送嫁药"，每亩用20%氯虫苯甲酰胺悬浮剂100～150mL药液喷洒，做到带药移栽，当土壤干燥发白时，适度补水。

4. 大田整理和抛秧

（1）**整田**　在播种前5～7d灌水泡田，机械耕翻平整水田，耕深12～15cm，耙匀糊平，全田高低落差不超过3cm。

（2）**施肥**　根据土壤肥力水平采用有机肥和无机肥结合施用的方法，实行测土配方施肥，氮肥的施用以前期为主，早稻施用氮肥（N）8～10kg/亩，中晚稻10～12kg/亩，其中底肥70%。在抛秧前结合整地施基肥，每亩施腐熟农家肥2m³，40%氮磷钾复合肥（N-P₂O₅-K₂O含量21-7-12）30～35kg，撒匀，耕耙，使土肥充分混合。其余30%的氮肥用于返青成活后分蘖期追施，孕穗期酌情追肥。

（3）**抛秧**　根据气候条件、耕作制度及秧龄大小合理确定适宜的抛栽期，早稻一般在4月中下旬，日均温度稳定通过13～15℃时抛秧，中稻一般在5月上中旬抛栽，晚稻一般在7月上中旬抛栽。

（4）**秧龄确定**　早稻秧龄25～30d、3.5～4.5叶时抛秧，晚稻秧龄25～30d、4～5叶时抛秧，一季中稻秧龄25～30d、4～5叶时抛秧。

（5）**抛秧密度**　抛秧密度为每亩抛栽杂交稻1.8万～2.2万蔸，常规稻2.0万～2.2万蔸。

（6）**抛秧方法**　机抛或人工手抛均可，分次匀抛，先抛70%的秧苗，再用剩余的30%补抛，抛完秧后按厢宽3～5m，人工捡出0.25～0.3m宽的管理道，移密补稀。

5. 大田管理

（1）抛后除草　早稻抛后 5 ～ 7d，中晚稻抛后 3 ～ 5d 结合施肥，每亩用 30% 丁·苄可湿性粉剂 100 ～ 200g 或 10% 苄磺隆可湿性粉剂 20 ～ 30g + 35% 丁草胺可湿性粉剂 40 ～ 60g 拌细砂或追肥施至大田进行封闭性除草，把握好除草剂施用时间和药量，并按药剂使用要求保持水层 5d 左右。

（2）水分管理

① 活蔸返青　抛秧时田间保持 1cm 水层，抛后 3d 之内不灌水，待秧苗立苗后浅水勤灌，为防止大风雨造成漂秧，抛后应立即平好缺口。

② 分蘖期　间隙灌溉，浅水分蘖，深水孕穗。总苗数达到预计穗数的 80% 排水晒田。

③ 抽穗期　抽穗扬花期确保浅水层。

④ 灌浆期　间隙灌溉，保持湿润。

⑤ 黄熟期　干湿交替灌溉，蜡熟后排水落干，蓄留再生稻的田块可保持浅水。

（3）病虫草害防治　根据植保部门病虫害的测报，坚持预防为主、综合防治的方针，搞好各期病虫草害防治。分蘖盛期重点防治二化螟，分蘖末期至孕穗期重点防治纹枯病、稻纵卷叶螟。破口抽穗期重点防治稻瘟病、纹枯病、稻曲病和二化螟，灌浆结实期注意防治穗粒瘟、纹枯病、稻飞虱和稻曲病。

6. 收割贮藏

（1）收割　当 95% 以上的稻穗黄熟时，及时收割。

（2）贮藏　收获的稻谷应及时晾晒或烘干，粳稻谷含水量≤ 14.5%、籼稻谷含水量≤ 13.5% 时，清选除杂，入仓贮藏。

7. 稻谷销售

在统一技术规范的操作下，稻谷面色金黄，品质好，出米率高，深受粮食市场欢迎，可充分利用场地优势，将稻谷集中起来销售。

（汪万祥，张鹏程，陈帅）

第三节
水稻直播技术规范

一、典型案例

　　益阳市赫山区万盛水稻种植农民专业合作社，位于山清水秀的益阳市岳家桥镇，经营场地 4600m²，流转面积 2200 亩。拥有固定资产 883.6 万元，两栋千吨粮仓，一栋 3 层办公楼，一个日烘干能力达 150t 的粮食烘干中心，一个农资配送服务中心，一个年回收利用稻草 3500t 的秸秆综合利用回收中心，一个农产品展示厅，一间现代化的田间农民培训学校，一个益农信息社服务站。合作社现有成员 1415 人，有各类技术人员 35 人，其中高级职称技术专家 3 人；拥有各类先进的农业机具 110 台套，年"十代十化"服务面积 2 万亩；合作社年经营配送化肥 150 万公斤（1 公斤 =1kg），种子 40 万公斤，统防统治面积 12000 亩，经营收入 721 万元。

　　合作社负责人符建平（图 1）兼任"赫山区绿色高端稻米协会"会长，他同协会成员一起积极申报国家农产品地理标志"赫山兰溪大米"，并于 2019 年初获得了农业农村部的颁证授牌。合作社牵头成立的岳家桥特色生态农业开发公司申请注册了"岳来岳好"菜籽油商标。为减轻农民种田的劳动强度，带领合作社成员通过多年对水稻轻简栽培技术的积极探索，摸索出了一套省工、省力、免除传统育秧和移栽用工、节省秧田、缩短生育期、提高产量的水稻直播生产技术（图 2）。现将该合作社的水稻直播技术介绍如下。

图1　合作社负责人符建平

图2　直播生产技术

二、技术要点

1. 播前准备

（1）**品种选择**　直播水稻根系分布浅，群体较大，易倒伏，品种选择上应选择前期早生快发、株型紧凑、茎秆粗壮、耐肥抗倒、抗病力强、株高适中的品种。赫山区早稻可选用生育期适中的湘早籼 45 号、湘早籼 32 号等品种。中稻及一季晚稻可选用农香 42、华润 2 号、泰优 390、桃优香占等品种。双季晚稻在赫山区不宜直播。

（2）**种子质量**　种子质量应符合 GB 4404.1—2008《粮食作物种子 第 1 部分：禾谷类》标准，即大田用种常规稻纯度不低于 99.0%，净度不低于 98.0%，发芽率不低于85%，杂交稻纯度不低于 96.0%，净度不低于 98.0%，发芽率不低于 80%。

（3）**种子处理**

① 晒种　浸种前选择晴好天气晒种 1 ～ 2d，避免高温暴晒。

② 选种　利用风选或盐水法选种，采用盐水法选种时，盐水液相对密度为 1.06 ～ 1.13，去除空秕粒和杂物。选用商品种子的，可直接进行浸种。

（4）**浸种催芽**

① 浸种　选用 15% 咪鲜胺乳油 15mL 或 10% 氰烯菌酯乳油 10mL，兑清水 25kg 浸泡种子 25kg；早稻浸泡 15 ～ 20h，中稻及一季晚稻浸泡 12 ～ 15h，沥干。

② 催芽（图 3）　早稻可采用保温或密室催芽法，确保种子萌发环境保持温度 30 ～ 32℃，湿度 100%；中稻及一季晚稻将浸泡好的种子置于室内，每隔 8h 泡清水 1 ～ 2min，直至破胸。

③ 拌种　催芽后将芽谷置于室内摊晾，达到内湿外干、不粘手、易散落的状态。选用 25% 噻虫·咯·精甲种衣剂、"碧护"等拌种。25% 噻虫·咯·精甲种衣剂每 10mL 拌种 3.5 ～ 5kg；"碧护"可湿性粉剂每 1 ～ 2g 拌种 3.5 ～ 5kg。拌种后静置 2 ～ 4h 再播种。

图 3　浸种催芽

（5）**整地**　在播种前 5 ～ 7d 灌水泡田，机械耕翻平整水田，耕深 12 ～ 15cm，耙匀耱平，全田高低落差不超过 3cm。播种前排水，开好横沟、竖沟和围沟，做到泥土沉实，田面松软，三沟相连。根据田块大小和播种方式，合理安排厢面宽度。

（6）**基肥**　结合整地施基肥，每亩施腐熟农家肥 2m³，40% 氮磷钾复合肥（N-P₂O₅-K₂O 含量 21-7-12）25 ～ 30 kg，撒匀，耕耙，使土肥充分混合。

2. 播种

（1）**播种期和播种量**　早稻以安排在 4 月上旬播种为宜；中稻及一季晚稻宜 5 月

上旬至 6 月上旬播种。常规稻每亩用种 5～6kg，杂交稻每亩用种 1.5～2kg。

（2）播种方式

① 撒播　采用撒播器或人工，将种子均匀撒播至田里。

② 条播　采用水稻播种机播种，行距 20～25cm。

③ 穴播　采用水稻精量穴直播机播种，行距 20～25cm，穴距 10～18cm，常规稻每穴 6～8 粒种子，杂交稻 3～4 粒种子。

3. 田间管理

（1）杂草防除

① 芽前土壤封闭　播种后 3～5d 内，在田面无积水时立即喷施除草剂进行土壤封闭。土壤封闭处理时田块地面要平坦、土壤要湿润，喷药后，避免土层翻动，有大草可人工拔除。可每亩用 30% 丙·苄可湿性粉剂 70g 或 30% 丙草胺乳油 80mL 兑水 30kg 对苗床均匀喷雾封闭除草，均匀喷洒到箱面上。

② 苗期茎叶处理　直播田出苗后，根据杂草发生情况，在稻苗 3 叶期后，选无风晴天下午喷茎叶处理除草剂，可每亩选用 2.5% 五氟磺草胺油悬浮剂 60～80mL + 20% 氰氟草酯乳油 100～150mL，兑水 30kg 混匀喷施，或每亩用 10% 苄嘧磺隆可湿性粉剂 10～15g + 50% 二氯喹磷酸可湿性粉剂 30～50g，兑水 30kg 混匀喷施。

（2）追肥

① 断奶肥　稻苗 2 叶 1 心期，结合灌水，每亩撒施尿素和钾肥各 4 kg。

② 促蘖肥　苗肥追施后 15d 左右，稻苗 6 叶期前，每亩施尿素和钾肥 2kg。

③ 穗肥　拔节第二节间伸长时，每亩施尿素和钾肥各 2kg。

④ 壮籽肥　抽穗前后和灌浆期每亩分别喷施 0.3% 磷酸二氢钾 150g，兑水 50kg，进行叶面施肥。

（3）水分管理

① 分蘖期水分管理　3 叶期灌水，田间保持 1～2cm 浅水层。拔节前当群体达到预期穗数 80% 时搁田。

② 拔节孕穗和抽穗期水分管理　拔节孕穗期和抽穗期，田间保持 2～3cm 水层。

③ 灌浆期水分管理　灌浆期间，田间一段时间保持 1～2cm 浅水层，等水自然落干至土壤紧实不干裂再灌水、再落干、再灌水。收获前一周断水。

（4）病虫害防治　病虫害防治措施分为农业防治、物理防治、生物防治以及化学防治。

① 农业防治　选用抗病虫品种、定期轮换品种、采用合理耕作制度、轮作换茬、肥水调控、种养结合、翻耕灌水灭蛹，减少螟虫基数。

② 物理防治　采用风吸式太阳能杀虫灯诱杀迁飞性害虫，每 30～40 亩田安装 1 台。在稻飞虱或稻蓟马发生田块，利用黄色黏虫板诱杀。

③ 生物防治　人工释放赤眼蜂防治螟虫，在蛾始盛期每亩每次释放 3 万～4 万粒

卵，每隔 7d 释放 1 次，连续放蜂 2～3 次。或用性诱剂诱杀，每亩设置 8 个诱捕器，诱杀二化螟和稻纵卷叶螟。

④ 化学防治　化学防治在绿色防控技术没有全面推广的情况下仍然是一定时期内不可或缺的防治措施。化学防治必须在测报人员精准测报的前提下，根据各种病虫发展实况，在防治适期内，使用高效、低毒农药配方，使用高效药械开展防控。同时要注意施药的注意事项，如在作防治配方时，要使用高效低毒农药，并根据田间病虫发生情况做到该防治的坚决防治，不该防治的坚决不防治；在选用施药器械时需选用背负式电动喷雾器，有条件的选用植保无人机；高温时期晴天上午 10 点半至下午四点不用药；配药时务必加入植物油或有机硅等农药助剂；施药时喷足水量，均匀喷雾，并在田间灌水 3～5cm。常见防治对象、时期及方法见表 1。

表 1　直播水稻病虫害防治对象、时期及方法

防治对象	防治时期	防治方法
稻瘟病	苗期，破口、齐穗期	发生稻瘟病，每亩可用 25% 吡唑醚菌酯微胶囊 20～30g 或 40% 稻瘟灵乳油 100～120mL 防治；未发生稻瘟病仅预防，每亩用 25% 吡唑醚菌酯微胶囊 20～30g 或 75% 三环唑可湿性粉剂 30～40g，兑水 40～50kg 喷雾
纹枯病	拔节期	每亩可用 30% 己唑醇悬浮剂 16g 或 30% 苯甲·丙环唑乳油 20mL，兑水 40～50kg 喷雾
稻曲病	破口前期	每亩用 10% 井冈霉素水剂 100mL 或 30% 苯甲·丙环唑乳油 15～20mL 或 25% 戊唑醇可湿性粉剂 30～40g，兑水 40～50kg 喷雾
稻飞虱	百丛低龄若虫 1500 头	每亩可用 20% 呋虫胺可湿性粉剂 20g 或 70% 吡蚜·呋虫胺可湿性粉剂 10g 或 8% 三氟苯嘧啶乳油 20mL，兑水 40～50kg 喷雾
二化螟	孵化期和 1 龄幼虫高峰期	每亩用 20% 氯虫苯甲酰胺悬浮剂 15mL（或 10% 溴氰虫酰胺悬浮剂 20mL）+5% 甲维盐分散性粒剂 60g（或 5% 阿维菌素乳油 200mL），兑水 40～50kg 喷雾
稻纵卷叶螟	卵孵高峰至 1～2 龄幼虫高峰期	每亩用 20% 氯虫苯甲酰胺悬浮剂 10～15mL 或 1.8% 阿维菌素乳油 100～150mL 或 1×10^{10} 个活孢子 /g 杀螟杆菌粉剂 150～200g，兑水 40～50kg 喷雾

4. 收获贮藏

（1）收获　籽粒黄化完熟率达 85% 以上时及时收获。

（2）贮藏　收获的稻谷应及时晾晒或烘干，粳稻谷含水量≤14.5%、籼稻谷含水量≤13.5% 时，清选除杂，入仓贮藏。

（徐红辉，曹慧，何延明）

第四节
再生稻配套栽培技术

一、典型案例

　　龙乐家庭农场成立于2018年5月，场主龙世明（图1）积极钻研现代农业技术知识，从2018年起，连续试验示范、推广应用再生稻栽培技术（图2）。2020年种植100余亩，头季亩产量测产592kg，价格2.5元/kg，再生季亩产303kg，价格3元/kg，合计亩产达895kg，亩产值2390元，亩成本1500元，亩纯利890元。

　　再生稻产量不比周围农户的双季稻产量低，而且还节约了一次翻耕、秧苗、机插等成本，再生稻的米质较常规种植要优，价格更高，稻米价格达12元/kg，较一般稻米价格高1倍以上。一些两季不足、一季有余的温光条件田块区发展再生稻，可以做到种一季收获两季，确保产量不减，效益不降。大规模双季生产用工不够忙不过来，可以适当种植一定面积的再生稻，以错开用工季节，不耽误农事，确保稳产高产。此外，若头季水稻受到洪涝、高温等自然灾害，还可通过蓄再生稻降低灾害损失。

图1　龙世明在水稻基地

图2　再生稻品比

二、技术要点

1.选用良种，合理布局

　　选取组合时要满足的条件：一是头季稻产量高；二是再生能力强；三是生育期适中。在湖南益阳，要选择生育期适宜、稻瘟病抗性强、抗倒性强、耐高温、耐寒性强、稻米品质优的再生稻品种。经品比试验，推荐准两优608、Y两优911、深两优867、恒两优金农丝苗、荃优粤农丝苗、晶两优华占、隆两优华占、黄华占等。全生育期 125d 左右。不宜种植生育期太长的品种，否则无法确保 8 月 15 日前收割，再生稻的成熟存在不可靠性。

2. 种好头季稻

（1）**适时早播**　在益阳，根据多年的气候条件，再生稻出苗至齐穗历期 30d 左右，因此，头季稻必须在 8 月 15 日前收割，确保再生稻抽穗扬花期避开秋季低温而安全齐穗（9 月 15 日前），即要求再生稻齐穗期日均温连续 3d 不得低于 23℃，所以头季稻必须早播、早栽、早收，才能保证再生稻生长和安全齐穗。由此倒推，头季稻的适宜播种期为 3 月底至 4 月初，最迟不超过 4 月 10 日。可采用机插、抛秧、人工插秧或直播等。机插、抛秧亩用种量 2kg，人工插秧 1.5kg，直播 2～2.5kg，培育壮秧。

（2）**浸种催芽**　种子采用"一浸多洗"或"少浸多露"催芽。用清水去净秕谷，25% 咪鲜胺乳油 2000～3000 倍液消毒浸种 4～6h，再用 35℃ 的清水洗干净，然后保温催芽（破胸最适宜温度 32～35℃，不能高于 38℃）8h 左右。若谷壳显白再用 35℃ 的温水浸 10min，沥干后再保温催芽，如此反复催芽。当种谷破心露白时，可用水稻种子拌种剂拌种后播种（图 3）。加强苗期管理，确保秧苗健壮。

（3）**合理密植**　一般以 16.7cm×26.7cm 或 13.3cm×30cm 为宜。移栽秧龄大小与普通中稻栽培一致，但要比中稻生产密植 30%～50%。一般湿润大苗移栽或机插秧，每亩插足 1.6 万穴，抛秧栽培，每亩抛栽 1.8 万穴。机插秧（图 4）要预留机损蔸数，适当减慢栽插速度。对于分蘖力和再生力强的超级稻品种，密度可以适当调整。

图 3　水稻种子拌种剂　　　图 4　水稻机插秧

（4）**科学施肥**　头季稻施肥量依地力、有机肥料施用量和产量水平而定。例如，亩产 600～800kg 的高产田，施氮肥（N）12～13kg，磷肥（P$_2$O$_5$）5～6kg，钾肥（K$_2$O）10～12kg。其中氮肥按 3：3：1：2：1 的比例以基肥、促蘖肥（移栽后 5～7d）、接力肥（够苗晒田后）、穗肥（枝梗分化肥）和粒肥（剑叶露尖期）分次施用。

在生产上，一般基肥每亩施商品有机肥 200～300kg、40% 复合肥（20-8-12）

40 ～ 50kg。移栽或抛秧在插后 5 ～ 7d，直播于 2 叶 1 心时追肥，亩追尿素 5 ～ 10kg、氯化钾 10kg。有条件的新型经营主体，建议基肥和第一次追肥合并为机插秧侧深施肥。抽穗时看禾苗长势长相适当增补肥料。

（5）**合理浇水**　采用浅水活棵、薄露促蘖、晒田控苗、湿润长穗、寸水开花、干湿壮籽的水分管理原则。第一次在 6 月 10 日前后，苗数达 20 万时重晒控苗，保水孕穗，浅水（高温时深水）抽穗，湿润灌浆，第二次晒田在收割前 7 ～ 10d，轻晒田。除在施肥、打药、孕穗、抽穗、扬花期，田间需保持水层外，其他时期都可以露田无水或湿润灌溉为主。

机收再生稻必须提前 7 ～ 8d 排干水，减少机损，同时增强根系活力。手工收割再生稻、养鱼再生稻要适时露田。

（6）**防治病虫害**　复水、孕穗期各施药 1 次，可选用 75% 肟菌·戊唑醇水分散粒剂 15g/ 亩，或 20% 井冈·三环唑可湿性粉剂 100 ～ 150g/ 亩防治纹枯病；秧苗移栽前、孕穗期、齐穗期各施药 1 次，可选用 75% 三环唑可湿性粉剂 25 ～ 30g/ 亩、40% 稻瘟灵乳油 100 ～ 150mL/ 亩等预防稻瘟病。

3. 适时足量施好促芽肥

合理的促芽肥施用期及施用量，要根据再生稻品种再生芽萌发生长时期及速度、土壤供肥能力、留桩高度、气候等情况而定。中等肥力稻田，在头季稻齐穗后 15 ～ 20d，或收获前 7 ～ 10d，每亩撒施尿素 10 ～ 15kg、过磷酸钙 10 ～ 15kg、氯化钾 5 ～ 7kg，促进休眠芽的生长。对头季稻生长差或穗子比常年明显增大的田块宜早施、多施；反之，可适当迟施或少施，个别高肥田可以不施。

4. 适时收割头季稻

由于早发型品种的再生芽萌发早，生长快，对收割期要求不很严格，一般以成熟度 90% ～ 95% 收割为宜，两季产量高。迟发型品种的再生力不强，收割期偏早时再生芽的萌发力更弱，因此要适当延迟收割期，一般以完熟期收割为好，具体应掌握：在头季稻临近收割时，田间取生长整齐的植株剥开叶鞘，检查再生芽伸长情况。当大多数再生芽生长到 2cm 以上或休眠芽破鞘现青时适时收割。

收割时必须田干泥硬，能承载起收割机，收割机易掉头，稻桩不压入泥内；头季收割后田内要及时移出稻草；另外，收割机手要合理安排行走路线、卸谷地点，尽量少碾压稻桩；收后及时扶正被压倒的稻桩。

5. 保留适当稻茬高度

（1）**不同地区和品种，留桩高度不同**　籼型品种上位芽（倒 2、倒 3 芽）生长快，成穗率高，宜留高桩；粳型品种下位芽成活率高，宜留低桩。一般籼稻留茬高度以 33 ～ 40cm，保留倒 2 芽为宜。若再生稻可利用的季节长，留茬高度可适当降低。

（2）**不同温度地区要求的留桩高度各异**，且留桩高度与休眠芽伸长萌发数量和生

育期关系密切 头季稻收后再生稻可利用的季节短（季节紧）的地区再生稻留桩高度应达 30 ～ 50cm。相反，头季稻收后再生稻可利用的季节长（季节充足）地区，留桩高度应在 20cm 内。此外，头季稻收获时要灌水打谷，保护好稻茬。

（3）根据收割时间确定留桩高度 收割时间越早，留桩高度越低；反之，收割时越迟，则留桩越高。若能在 8 月 10 日前及时收割，则留桩以 25cm 为宜，第一、二和部分第三节位被割掉，培养部分第三节、第四节和部分第五节位长出再生苗，穗大粒多，再生稻产量高；若在 8 月 11 日 ～ 15 日收割，则留桩以 25 ～ 30cm 为宜，第一、二节位被割掉，主要培养第三、四节位再生苗。

6. 再生稻的田间管理

（1）合理管水 头季稻收获后 10d 内，及时搬出稻草，扶正稻茬，保持田间湿润。头季稻收割后，应当天灌水 2 ～ 3cm 保稻桩，如遇高温，可在收割后 1 ～ 3d 内浇水泼稻茬，早、晚各泼浇苗 1 次。之后结合追肥，自然落干。腋芽萌发期不宜深水，但田面也不能过白开坼，出苗期保持浅水层。再生苗齐后浅水至齐穗，齐穗后至成熟期以湿润状态为主。

（2）合理施肥 在头季稻齐穗后 20d 施用促芽肥的基础上，头季稻收割后 1 ～ 2d，再亩施尿素 7 ～ 10kg 作再生芽苗肥。收割前与收割后两次追肥尿素共计 25kg 以上。如果头季收割前已追肥尿素 15kg，则收割后应再追 10kg。如果头季收割前没有追肥，则每亩施尿素 20kg，40% 复合肥 10kg，这样能很快形成再生苗群体。

若在收割当日每亩用赤霉酸 1g，兑水 50kg 喷施稻桩，可促进腋芽早生快发，争取苗齐苗匀，保证有足够的苗数。在破口至抽穗期，采用根外施肥，在抽穗达 1/3 时，每亩用赤霉酸 0.5 ～ 1g，加尿素 0.2kg，兑水 50kg 喷施，可促进抽穗整齐，提高结实率，增加实粒数和千粒重，增加产量。杂草多的田应及时清除杂草。

再生苗齐穗至扬花后，可视情况追壮籽肥。每亩施钾肥 10kg 或喷施磷酸二氢钾或芸苔素内酯等，促进灌浆、增重。

（3）防治病虫害 根据当地植保部门的水稻病虫害预测预报及病虫害发生基数情况，及时防治纹枯病、稻飞虱、叶蝉和稻纵卷叶螟等，并防止畜禽践踏。螟虫及纹枯病于头季稻收后 5d 进行防治；稻飞虱、叶蝉、稻纵卷叶螟于再生稻苗高 10cm 左右开始注意防治。再生稻收获后要种冬季作物的田块，应在再生稻穗成熟前 10 ～ 15d 开沟排水。

项目基金：2021 年科技特派员服务乡村振兴项目——水稻机插秧同步侧深施肥配套技术研究与推广应用。

（何永梅，李绪孟，杨毅然）

第五节
水稻机插秧同步侧深施肥配套技术

一、典型案例

益阳市农田谋士水稻专业合作社是专业从事水稻生产与最新农业机械化技术探索的合作社，负责人为简丽蓉（图1）。合作社水稻生产基地在"全国绿色食品生产资料产销对接会议"上荣获"湖南省绿色食品示范基地"荣誉。合作社生产的"爱雪米娜"品牌大米2016年4月获得绿色食品证书，"爱雪米娜"商标2017年被湖南省工商行政管理局评为"湖南省著名商标"（图2）。

图1　简丽蓉在测深施肥现场了解待插秧苗情况　图2　合作社部分稻米包装

近几年，该合作社通过开展水稻机插秧同步侧深施肥田间试验示范，以减人工、减化肥、增产量为目标，不断总结完善了水稻机插秧同步侧深施肥的配套技术。水稻机插秧同步侧深施肥技术，是指在水稻进行机插秧作业的同时，通过侧深施肥装置，将肥料按照需肥要求精确定量地施在秧苗侧靠近根部的泥浆中（图3）。该法既可实现秧苗根系对肥力的精准吸收，又可避免肥料随水流漂移，一般可实现减肥20%左右，提高肥料利用率，促进水稻生长，缩短秧苗返青时间，降低人力和肥料成本等。现将技术要点总结如下。

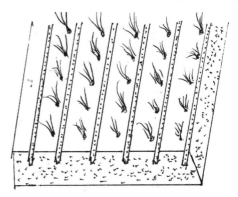

图3　机插秧同步侧深施肥示意

二、技术要点

1. 培育秧苗

（1）**品种选择**　选用生育期适宜、优质、高产、多抗品种，如隆科早1号（图4）等。种子发芽率应在90%以上。

（2）**秧田准备**　秧田要早耕、早整，利用冬季天气将土块冻酥，尤其是黏土，要干耕、干整、干做畦，实行旱育或半旱育。在秧田整平、畦沟开好后，要上水验平，去高补洼，清沟补缺，推平畦面，然后排水搁板备用。

（3）**种子处理**　播种前需进行晒种、选种、药剂浸种、催芽等技术处理。

一季稻、晚稻催芽，可采用多起多落、少浸多露的方式，至种子破胸即可。

图4　早稻良种隆科早1号

（4）**播种**

① 播种时间　根据品种生育期长短确定。在湖南省，早稻一般于3月15日～20日分批播种，一季稻一般于5月下旬～6月上旬播种，晚稻一般于6月20日～30日播种。

② 秧盘选用　选用规格为58cm×28cm的秧盘，每亩大田育足50～55盘秧苗。

③ 摆盘　按南北方向或不同秧田丘块形状分厢摆放秧盘，每厢宽1.5m、长10m，厢沟宽0.6～0.8m，摆平压实，每盘置入2/3泥浆或育秧基质。

④ 播种　一般早稻每盘播种：常规稻100～120g，杂交稻65～75g；一季稻每盘播种：常规稻66～100g，杂交稻50g；晚稻每盘播种：常规稻80～100g，杂交稻65～75g。均匀播种，播后踏泥或覆盖育秧基质。

⑤ 盖膜　早稻播种后气温低，应采用盖膜保温。播种后用30%噁霉灵水剂800～1000倍液均匀喷施到厢面，待盘面干爽后，每厢秧按1m的间距插入竹拱，小拱棚育秧插竹拱时注意秧盘两边各留10cm左右空位，防止盖膜后影响厢边秧苗的生长。农膜要保持干净，膜四周要用泥土压实。疏通秧沟、腰沟和四周的围沟，便于排灌。

（5）**秧田管理**

① 病害防治　早稻育秧期间，易遇低温阴雨天气，导致绵腐病或纹枯病的发生，可根据药剂使用说明，选用敌磺钠、咪鲜胺或氰烯菌酯等药剂防治。一季稻和晚稻育秧期间，主要注意防治稻蓟马等。

秧苗移栽前2～3d，每亩用5%氯虫苯甲酰胺悬浮剂20mL+50%吡蚜酮水分散粒剂100g，兑水30kg喷雾，防治二化螟、稻飞虱、稻秆蝇等。

② 排水　早稻育秧期间，秧田要厢沟与围沟相通，确保秧田不积水，保持秧田湿润即可。一季稻和晚稻育秧期间，晴天保持满沟水，雨天排水，保证秧田湿润。

③ 温度管理　早稻育秧，要注意保温，出苗前保持农膜覆盖严实，温度控制在35℃以内。秧苗1叶1心后温度控制在25℃左右，遇晴好天气应于上午10时左右揭膜两头通风降温，秧厢较长时，应同时揭开秧厢中间农膜，防止高温"烧苗"，下午4时左右盖膜保温。遇低温阴雨天，也要每隔5d左右揭膜两头透气降湿2h，防止绵腐病发生。

④ 揭膜炼苗　早稻育苗，当秧苗长到2叶1心后，4月上旬如遇晴天，可将秧厢两头揭膜通风。揭膜时最好选晴天下午，厢沟内先灌水后揭开两头或一侧，以防青枯死苗。揭膜后，如遇雨天或极端低温恶劣天气要继续盖膜。移栽前3～4d揭膜炼苗。

⑤ 控苗　一季稻和晚稻育秧，应注意控苗，在秧苗1叶1心时，按每1000个秧盘用25%多效唑可湿性粉剂180～200g，兑水30kg喷施。

⑥ 秧龄　早稻机插秧秧龄20～25d，抢有利天气及早栽插。一季稻和晚稻秧龄为15～20d。

2. 土壤耕整

（1）整地　放水泡田，水深没过耕层3～5cm，泡田时间要达到5～7d。

整地要求做到整平、耙细、洁净、沉实。深浅一致，高低差应控制在3cm以内，整地深度16～18cm。作业时水深控制在2cm左右。秸秆还田切草不能长，打浆水层要适当浅。作业结束后表面不外露残茬。

（2）沉淀　机插大田泥浆应达到泥水分离，寸水不露泥，表层有泥浆，土地洁净无杂物，沉实不板结，壤土沉淀2～3d，砂质土沉淀1～2d，达到用手指划沟后1～2h内可慢慢恢复平整为最佳沉淀状态。

3. 肥料选择

（1）肥料要求　应选择颗粒物球形、表面光滑、均匀，有一定硬度（196kPa以上），用手挤压肥料颗粒不会轻易压碎，直径小于5mm，吸湿性较弱，颗粒不相互黏结的复合肥或水稻专用配方缓控释肥。

（2）施肥量　优先采用水稻专用配方缓控释肥，如51%（26-10-15）高塔造粒复合肥料，或44%（25-6-13）水稻专用配方肥。一次性作基肥机插时同步施用，可较常规施肥减少10%～20%用量。早稻机插秧同步侧深施肥量为每亩25kg；晚稻通过侧深施肥一次性作基肥施用，每亩36kg，全生育期不再追肥。

4. 机械插秧

（1）机具准备

① 机具　目前生产上常用久保田2ZGQ-6D1（SPV-6CMD）型高速乘坐式侧深施肥插秧机（侧深施肥装置型号：2FH-L8A），或井关2Z-6B5（PZ60-AHDRT）型高速乘坐式侧深施肥插秧机（侧深施肥装置型号：2FH-L8A）、洋马YR60DZF型高速乘坐式侧深施肥插秧机（侧深施肥装置型号：2FC-6）（图5）。

② 准备工作　作业前应先检查调试机具，调整好行距、施肥量。转动部件要加注润滑油，并空转 5 ~ 10min，确保各运行部件转动灵活，无碰撞卡滞现象，能正常工作。

测量各施肥口排肥量是否一致，各施肥口排肥量是否与理论施肥量一致，根据理论值与实际值间的差距进行肥量调节。

（2）插秧时期　按照土壤地力和水稻品种熟期合理确定插秧时期。早稻一般于 4 月 10 日至 4 月 25 日；一季稻一般于 6 月中下旬；晚稻一般于 7 月中下旬。

（3）插秧密度　一般地块应比常规施肥栽培密度减少 10% ~ 20%，低产或稻草还田、排水不良、冷水灌溉等地块栽培密度与常规施肥一致。

早稻株行距一般为 14cm×23.5cm（图6）；一季稻株行距一般为 16cm×23.5cm；晚稻株行距一般为 16cm×23.5cm。

图5　水稻机插秧及侧深施肥机械　　　　图6　早稻机插秧侧深施肥作业效果

（4）施肥作业　施肥机搭载在水稻插秧机上进行作业。要保证肥箱和各排肥部件的干燥，若停放插秧机超过 1h，应将排肥轮拔出，拉开插板把肥料清除干净，防止潮解黏肥；经常利用停机时间清除开沟器、排肥槽、覆土复泥器和排肥管上的泥和草，消除堵塞隐患；晚间停机时要取下排肥轮，放在屋内干燥处，以备第二天再用。

（5）作业质量　施肥位置要精准，应位于距离水稻根侧4.5 ~ 5cm、深5cm的泥中。作业中严防急停。作业过程中防止高速启动造成漏施。作业开始时，应慢慢平缓地发动机器。

在插秧施肥的过程中，要注意查看肥料剩余量，及时添加肥料。在雨天环境下作业，肥料箱应注意防水。

完成机械插秧同步侧深施肥作业后，应将施肥机内的肥料排干净，并清理传感器表面。

（6）补苗　机械插秧后，在四周田角或漏插的地方要及时人工补苗。

5. 田间管理

（1）除草　在移栽后 5 ~ 7d，水稻刚刚返青时，每亩用 53% 苄嘧•苯噻酰可湿性粉剂 80g 或 30% 苄·丁可湿性粉剂 200g 拌细土（砂）均匀撒施在稻田中。药前灌水 3～5cm 深，以不淹没稻心为宜，药后保持水层 5～7d。

第一次除草后如发现效果不佳，每亩可用 25g/L 五氯磺草胺可分散油悬浮剂 80～100mL+20% 氰氟草酯可分散油悬浮剂 100mL 兑水 15～30kg 喷施，药后灌水 3～5cm 深，保水 5d。

（2）水肥管理　水稻侧深施肥模式与传统施肥模式相比，初期的生长发育较为旺盛，但由于肥料吸收较快，必须仔细观察叶色，及时追肥。

注重不同时期的水分管理。插秧后保持水层促进返青，分蘖期应以浅水为主，灌水 3～5cm；水稻生育中期根据分蘖、长势，够苗后应晒田，可多次轻晒；幼穗分化至抽穗扬花期应灌浅水，灌浆结实期使用干湿交替的间歇灌溉法；蜡熟末期停灌，黄熟初期排干。

（3）病虫害防治　应根据当地植保部门的病虫害预测预报开展防控。坚持"以防为主、防治结合"的方针。病虫害以防为主，坚持咪鲜胺浸种，秧田期防治 1～2 次，主要防治鼓泥虫、稻蓟马、稻飞虱、绵腐病、立枯病等，预防南方黑条矮缩病发生。移栽前 2～3d，打好"送嫁药"，预防螟虫、稻瘟病和南方黑条矮缩病等。

6. 机械收获

选用带茎秆切碎和抛洒装置的半喂入或全喂入收获机进行机械收获，减少损失，综合损失率控制在 3% 以下，含杂 2% 以下。

项目基金：2021 年科技特派员服务乡村振兴项目——水稻机插秧同步侧深施肥配套技术研究与推广应用。

（李琳，王迪轩，简丽蓉，罗光耀）

第六节
水稻生产"十代十化"服务流程

一、典型案例

益阳市赫山区惠民农机专业合作社位于益阳市赫山区龙光桥街道米香村（图1），负责人简丽蓉（图2）。合作社拥有各类农业机械105台套，其中，大马力拖拉机2台，烘干机8台，高速插秧机11台，联合收割机6台，旋耕机、秸秆还田机、田间植保等各式配套器械78台。为了有效利用现有人员、机械、经营优势，提高服务能力、服务水平，通过农田种植服务标准化，开展水稻生产社会化服务，探索制定了一套标准的服务流程，发展成为"十代服务"，即代育秧、代旋耕、代机插、代大田管理、代病虫草害防治、代收割、代烘干、代存储、代加工、代销售的十大服务流程。

年服务水稻生产100余万亩次，实现产值5000多万元，带动农民增收过亿元。全代服务面积2万余亩，每亩1300元，计2600万元；代病虫草害防治15.6万亩，每亩150元，计2280万元，合计5000万元左右。现将该合作社的"十代十化"服务流程介绍如下。

图1 合作社办公区

图2 合作社负责人简丽蓉在田间指导代机插服务

二、技术要点

1. "十代"概念

（1）代育秧 为农户代育秧。合作社拥有全智能工厂化育秧大棚一座，恒温恒湿暗室育苗中心 $200m^2$，播种流水线2条，日播种能力2万盘（图3）。

（2）**代旋耕**　为农户田块统一用大型旋耕机进行翻耕作业（图4），施工中土壤有效耕作层松土达到25～35cm，以便更好地耕种。

（3）**代机插**　为农户田块统一用高速插秧机进行机插作业（图5），合理密植。

（4）**代大田管理**　为农户统一配方施肥和统一科学管水（图6），合作社植保专家不定期到田间观察水稻生长情况，发现问题及时解决。

图3　代育秧

图4　代旋耕

图5　代机插

图6　代大田管理

（5）**代病虫草害防治**　由合作社为农户稻田统一实施病虫草害统防统治全程承包，利用植保无人机防治病虫害（图7），一般早稻2批次、晚稻3批次的使用高效、低毒、低残留农药施药。

（6）**代收割**　为农户双季稻统一使用大型收割机进行收割（图8），再由合作社统一安排车辆进行转运至仓库烘干，由于大面积的承包，收割效率也能提高不少。

（7）**代烘干**　为农户双季稻统一使用大型烘干机进行烘干（图9），避免了稻谷因天气原因造成的损失，合作社拥有大型烘干设备30台套，日烘干能力500t。

（8）**代存储**　为农户统一存储，目前合作社拥有5000m²的仓库，和储粮能力达3000t的恒温立筒仓（图10）。如农户将粮食销售给合作社，则免收存储费，农户只需在销售时按市场价格与合作社结算。

（9）**代加工**　为农户统一代加工，利用合作社大米加工设备提供加工服务，加工

图7 代病虫草害防治（飞防）

图8 代收割

图9 代烘干

图10 代存储

农户只需提供稻谷，按同品种正常出米率，以副产品抵加工费而无需支付其他费用的模式进行服务。

（10）**代销售** 因为是统一供种，"一村一品"，稻谷没掺杂，大米加工厂也更愿意收购，在农民自愿的基础上，项目区内烘干稻谷可按市场价格加价 3% ～ 5% 销售。

2. "十化"概念

（1）**专业化服务** 在当地农业部门指导下，利用农业部门技术优势，为广大农户服务，合作社拥有强大的技术力量，营运支持单位有湖南省农作物病虫害专业防治协会、湖南省农作物病虫害专业化统防统治服务联盟等。合作社拥有专业的营运管理团队，各个部门负责人都是专业技术人员，既懂技术又懂管理，能独当一面。

（2）**区域化布局** 合作社规划每5万亩设立一个"体验中心"，每个"体验中心"设置10个区域服务站，每个服务站服务5000亩左右稻田。

（3）**集团化结盟** 整合服务区有力资源，将拥有大型农机具的合作社或个人结盟在合作社旗下，形成统一的作业服务团队。合作社统一与服务对象签订服务合同和收取服务费，避免恶性竞争，为结盟者扩大业务量，增加收入，大幅度提高农机效率，提高效益。

（4）**多元化解难** 解决农民融资难题。合作社与中国农业银行及中华联合财产保险公司结成战略合作关系，从资金方面给农民保障，从多方面化解农民种植风险，为农民解难。

（5）**机械化作业** 利用"十代服务"，从育秧、机插、机防、机收、机烘等方面进行水稻种植机械化作业。

（6）**标准化操作** 育秧、病虫草害防治、肥水管理及存储销售环节，进行标准化操作。农户与合作社签订服务合同，双方约定服务时间、地点、服务面积等，合作社根据合同安排专人及时与农户联系提供服务。

（7）**契约化约束** 合作社与农户、银行、保险公司、粮库、农资农机企业都签订相关协议，保证诚信经营，照章办事。

（8）**数字化管控** 运用物联网技术，对服务区域基础设施装备、服务对象、田块面积、营运调度、从业人员等进行信息化管控。

（9）**品质化溯源** 通过标准化操作、数字化管控、农资一站式配送，对生产全过程远程监控，实现品质化溯源。

（10）**规模化推进** 利用先进农业机械，为现代农业服务，尽量集中连片作业，形成一定的规模，向规模要效益，提高工作效率，增加效益。

3. "十代十化" 发展模式成效

"十代十化"发展模式通过专业化、标准化、数字化管控，达到农业生产安全、农产品质量安全、农业生态环境安全、农业劳动者健康安全的"四个安全"。"十代十化"发展模式的开展实现了服务者与被服务者双赢、主导者与加盟者双赢，提升了盈利能力和服务能力，提升了服务质量和服务水平。取得了如下成效：

（1）**有效利用合作社现有农机设备、农业生产技术优势** 合作社现有农机设备105台套，如只服务自有流转土地，设备闲置率高，利用率不到50%，亩农机设备拆旧成本达120元，而开展"十代十化"发展服务，亩农机设备拆旧成本只需70元左右。

（2）**降低管理成本** 合作社在农资采购、农产品销售等方面有更多话语权，更能压低农资经营成本，提高产品销售价格。服务区单一品种种植面积较大且连片，农事操作便于统一实施，降低管理成本。

（3）**服务农户经济效益明显提高** 通过走访调查，参与"十代十化"发展服务的农户普遍反映，借助"十代十化"服务，省心省力，收入还有所增加，大大提高了双季稻面积的种植面积。

（4）**社会效益显著** 作为一个农业专业合作社，不但要创造经济效益，还要考虑到社会效益。"十代十化"发展服务模式的实施，在提高粮食产量的同时，也提高了农民群众的种田意愿，保障了粮食安全，为益阳发展粮食生产探索了新的途径。

合作社在开展"十代十化"发展服务过程中，将不断探索、完善服务内容，提升服务质量、为保障国家粮食安全出力，为农民增产增收服务，为现代农业发展做贡献。

（简丽蓉，何永梅，黄卫民）

第七节
水稻植保无人机喷药技术规范

一、典型案例

益阳市赫山区田园水稻种植农民专业合作社，位于益阳市赫山区沧水铺镇砂子岭村，已流转水田 4351 亩，主要进行优质稻生产、加工、销售一条龙服务。目前推出了"桂萍赞歌再生稻"等系列产品，通过了农业农村部无公害农产品认证，深受消费者喜爱。

为适应现代农业的要求，合作社负责人刘赞（图 1）带领全体人员在搞好优质稻生产、加工、销售一条龙服务的同时，开展社会化服务，农机服务面积达 2 万多亩，统防统治的飞防面积达 5.05 万亩，辐射周边 3 个镇 10 个行政村 228 户农户（图 2）。其中统防统治全部控制在允许范围内，使农户每亩节本增收 150 元以上，让农户获得了一个"农田保姆"，深受农户的欢迎，取得了较好的社会效益和生态效益。现将该合作社的水稻植保无人机喷药技术介绍如下。

图1　合作社负责人刘赞在田间调查无人机防治效果　　图2　植保无人机喷药操作

二、技术要点

1. 植保无人机概念

无人机又名无人飞行器，植保无人机顾名思义是用于农林植物保护作业的无人驾驶飞机，该型无人机由飞行平台（固定翼、直升机、多轴飞行器）、导航飞控、喷洒机构三部分组成，通过地面遥控或导航飞控来实现喷洒作业，可以喷洒药剂、种子、肥料等。近年来，植保无人机由于作业效率高、节省农药使用量，旋翼产生的向下气流增加了雾流对作物的穿透性，防治效果好，并能减轻对植保作业人员的危害等，已深受农民的欢迎。但植保无人机施药（图3）又不同于地面行走的植保机，它是在作物叶尖上作业，操作难度较大，操作稍有不当，就会造安全事故，所以操作人员必须掌握安全飞行的知识，避免事故发生。

图3　植保无人机施药

2. 植保无人机选用

可选用多旋翼或单旋翼植保无人机作业，无人机质量应符合 NY/T 3213—2018《植保无人飞机 质量评价技术规范》相关规定，同时应具备自主飞行、仿地飞行、RTK 高精度定位、断点续喷、变量喷洒等技术，不要采用手动操作作业，依靠无人机自身的技术实现精准喷施，确保防治效果。

3. 防治适期

（1）**病虫防治适期**　病虫草害防治应遵循"预防为主，综合防治"的植保方针。结合田间病虫实际发生情况和植保部门的病虫情报来确定防治适期。防治病害应在危险生育期用药，如预防稻瘟病、纹枯病应在破口前 5 ～ 7d 用药；防治害虫应在危险生育期或害虫卵孵高峰至一二龄幼虫高峰期施药。

（2）**杂草防治适期**　早稻田封闭除草适期为播种后 1 ～ 4d，中晚稻封闭除草适期为播种后 1 ～ 3d。

4. 农药选择

（1）**三证齐全药剂**　所喷施的农药必须为农药管理部门登记注册的合格产品，符合 NY/T 1276—2007《农药安全使用规范 总则》和 GB/T 8321.1—8231.9《农药合理使用准则》的规定。

（2）**高效、低毒药剂**　结合植保无人机喷雾的特点，要选用高效、低毒、低残留、对环境影响小、对天敌安全、具备内吸性的农药品种。

（3）**选择无药害安全农药**　在无人机喷洒作业的稀释倍数下，选用对水稻生长无不良影响的农药，避免使用在该浓度下有造成水稻异常生长或减产等风险的农药。

（4）**选择对口农药**

① 防治害虫药剂　在害虫防治中必须根据植保植检站提供的各种害虫发生的防治适期、防治对象田、注意事项、害虫抗药性等综合选择防治配方，才能取到事半功倍的效果。防治二化螟、稻纵卷叶螟每亩用 20% 氯虫苯甲酰胺悬浮剂 15mL（或 10% 溴氰虫酰胺悬浮剂 20mL）+5% 甲氨基阿维菌素苯甲酸盐微乳剂 60mL（或 5% 阿维菌素水乳剂 200mL）；防治稻飞虱亩用 20% 呋虫胺可湿性粉剂 20g 或 70% 吡蚜·呋虫胺可湿性粉剂 20g 或 10% 三氟苯嘧啶悬浮剂 16g 或 80% 烯啶·吡蚜酮可湿性粉剂 16g；防治稻秆潜蝇每亩用 20% 呋虫胺可湿性粉剂 50g；防治稻蓟马亩用 10% 吡虫啉可湿性粉剂 20g 或 80% 烯啶·吡蚜酮可湿性粉剂 16g。

② 防治病害药剂　病害必须根据植保植检站提供的病害防治适期及时进行防治，特别是穗期病害必须在水稻破口前 5～7d 进行预防。防治纹枯病亩用 30% 己唑醇悬浮剂 16g 或 30% 苯甲·丙环唑悬浮剂 20g 或 25% 噻呋酰胺悬浮剂 20g；预防稻瘟病亩用 75% 三环唑可湿性粉剂 30g 或 9% 吡唑醚菌酯微囊悬浮剂 60mL，防治稻瘟病亩用 9% 吡唑醚菌酯微囊悬浮剂 60mL 或 40% 稻瘟灵乳油 100mL。

③ 防治杂草药剂

a. 直播田封闭药剂　直播田封闭除草亩用 35% 丙·苄可湿性粉剂 70g。

b. 抛插田封闭药剂　每亩用 35% 丁·苄可湿性粉剂、35% 苯噻·苄可湿性粉剂等 70g。

c. 大田茎叶除草剂　大田茎叶除草适期为杂草 2～3 叶期，应根据防治对象选择防治药剂。早稻防治稗草、千金子每亩用 20% 氰氟草酯乳油 200mL 或 10% 噁唑酰草胺乳油 75g，中晚稻防治稗草、千金子每亩用 20% 氰氟草酯乳油 400mL 或 10% 噁唑酰草胺乳油 100～150g；稗草、阔叶草多的可用 41% 双草醚·灭草松可湿性粉剂（双草醚只能在水稻 3 叶 1 心至 6 叶 1 心期使用，7 叶期后水稻已处于孕穗期，需停止使用除草剂，以下同）150～180g；稗草、千金子及部分阔叶草多的田每亩用 10% 双草醚悬浮剂 60～100g+20% 氰氟草酯乳油 150～200mL 或 10% 噁唑酰草胺乳油 75mL+20% 氰氟草酯乳油 200mL；防除阔叶草、莎草在水稻 4 叶以上每亩用 26% 2 甲·灭草松水剂 180～200mL，或杂草在 3～5 叶期每亩用 48% 灭草松水剂 150～200mL。

④ 药剂选择注意事项　亩用 1L 以内用量，乳油剂型用量不要过高，易引起分散不均或烧苗；粉剂不建议使用，压力喷头会堵塞喷孔和管道，旋转喷头会堵塞管道或影响雾化质量；作物后期用药注意叶片是否具备良好的吸收传导功能，否则应避免使用内吸性药剂；飞机防治飘移较大，高毒农药不得使用，以免影响周边或引发作物自身中毒；水稻抽穗期不要使用三唑类农药，抑制生长，影响抽穗。

（5）**稀释标准**　选择在无人机喷洒作业下，能均匀分散悬浮或乳化的农药稀释倍数。

（6）科学轮换使用原则 根据水稻病虫草害的抗性治理原则，科学轮换、混配使用农药。

5. 施药作业

（1）药液配制

① 配药前的准备 在大量配制药液前，要预先进行桶混兼容性试验，以药液配制后 6h 内不分层、不结絮、不沉淀为原则。

② 农药配制方法 采用二次稀释法配制药液，按照"先固后液"的顺序将每一种药剂用小桶稀释再加入大桶，每加入一种应充分搅匀再加入下一种。原则是把最难溶于水的药剂稀释后导入汇总桶，再配兑相对容易溶解的药剂。配药顺序：叶面肥→可湿性粉剂→水分散粒剂→悬浮剂→微乳剂→水乳剂→水剂→乳油。部分可湿性粉剂难以稀释均匀，且易分层，影响防治效果，建议植保无人机使用可湿性粉剂时要先试再用。

③ 注意事项

a. 配制时加入助剂 配制药液一定要加入无人机喷药专用助剂，提高药液稳定性，提高喷雾时雾滴大小均匀程度，提高雾滴沉降率，抗蒸发，抗飘移。

b. 根据用药量配制所需剂量 药液按照预先设计的施药方案配制，即每亩配多少，施药就喷多少。

c. 了解作业区域病虫情况 根据作业区域内病虫发生情况选择药剂，做到对症下药。

d. 了解作业区域周边作物情况 充分了解作业区域周边的作物情况，选择对周边作物安全的农药，避免使用对周边生物和作物有影响的农药。

e. 严格按二次稀释法配药 配药时先分别配兑母液，再混合，再用大量水冲释。避免使用易板结、易堵喷头及化学成分不稳定的药剂。

f. 选择好的农药及助剂 优先选用大包装、易混配、分散好的药剂防治，当天配兑，并添加专业的飞防助剂。

g. 注意药剂调匀 每次加药时需充分调匀，避免药液分层导致防治效果不佳。

h. 避免使用深井水 深井水里含钙镁离子多，易引起药液分散不均。

i. 配药适量 要求农药使用量与作业面积基本一致，不超过 5% 的偏差。

j. 正确认识飞防防治 植保无人机能做到用药精确、细致、不漏喷。

（2）作业参数

① 亩喷洒药液量 根据防治对象、作物生长阶段、农药品种、作业速度、无人机机型等因素综合设计，要求不低于 1L/ 亩。

② 作业高度、速度和喷幅 根据无人机机型、亩喷洒量、防治对象、气象条件等因素综合设计，作业高度一般设置在 1 ～ 3m 之间，作业速度不超过 5m/s，喷幅根据机型不同一般在 2.5 ～ 6m 之间。

③ 雾滴粒径 雾滴粒径应设置在 80 ～ 160μm 之间。

（3）注意事项

① 人群与无人机距离　起飞前确认周边人群远离起飞点 10m 或以上，严禁无人机在人或车的顶上飞过，防止飞机因故障失控、桨叶甩出伤人。

② 作业时风速　作业时风速≤ 3m/s，超过 3m/s 停止作业。

③ 作业环境　不要在打雷、下雨、3 级风或以上强风等恶劣天气条件下作业；施药时确保不对施药区周边居民区、水产养殖场、禽畜养殖场、饮用水源等造成影响，并对周边居民、养殖户等提前告知；不得正向对着人飞行，谨防飞机突然失控及操作不当对人员造成伤害，飞手采用错位操控（手动）；不得在高磁场、强干扰的区域飞行，以免造成信号干扰，飞机失控。飞行做到可视（视野范围内）、可知（明确飞行姿态、速度、航向）、可控（确保随时处于可控范围）。

（莫长安，王佐林，梁建文）

第八节
水稻病虫害绿色防控集成技术规范

一、典型案例

湖南中亿现代农业发展股份有限公司（以下简称"中亿农业"）位于泉交河镇奎星村，主要从事优质水稻种植、加工、销售及农业社会化服务等。中亿农业负责人俞聪（图1），是区内新型职业农民领军人物，多次获得"赫山区五四青年奖章""区级种粮标兵"等荣誉称号，曾作为核心团队成员全程参与"赫山兰溪大米"国家农产品地理标志的申请等工作，具备扎实的业务能力和先进的经营理念。

图1　公司负责人俞聪

中亿农业现有高档优质稻种植基地 2000 余亩，从 2015 年起进行水稻病虫害绿色防控集成技术示范与推广，并将绿色防控集成技术进行规范，带动周边农户使用该技术，实现了水稻提质增效（图2、图3）。现将中亿现代农业发展股份有限公司绿色防控集成技术规范总结如下。

图2　田间绿色防控集成技术远景

图3　绿色防控集成技术展示

二、技术要点

1. 绿色防控集成技术

为了找到适宜公司种植结构的水稻病虫害绿色防控技术，公司围绕田间生态环境、生物多样性、自然天敌、生态调控、抗性品种等研究技术集成，提高水稻耐害能力，减轻病虫发生危害，实现病虫基数有效控制，降低病虫害暴发概率。根据多年实践，决定以农业防治、健身栽培、生物防治、趋性诱杀等非化学防治为手段的绿色防控技术及措施，实现了技术简单、实用、方便，可操作性强。

（1）推广抗病品种（图4） 水稻稻瘟病是一种危害、损失大，防治用药量大的流行性病害。公司所在地是稻瘟病常发区，一般损失稻谷 10% ～ 15%，高的达 80%。为防止稻瘟病造成的损失，从 2015 年起，只种植抗稻瘟病品种，杜绝了稻瘟病易感品种下田。通过全面使用抗稻瘟病品种，每季减少稻瘟病防治用药 2 ～ 3 次，大大降低了防治次数、防治药剂用量。

图4 公司全面使用抗稻瘟病品种，实现了稻瘟病"药不下田"

（2）合理布局栽培 公司根据本地特点，实行统一品种，合理布局，避免一季稻插花种植，杜绝桥梁田，使害虫发生整齐，易于防治。

（3）全面推广翻耕灭蛹技术 晚稻或一季稻稻桩是水稻螟虫越冬的主要场所，翌年 4 月上旬是螟虫化蛹高峰。针对这一螟虫发生特点，公司每年在 4 月上中旬螟虫发蛹期翻耕，灌水灭蛹，有效杀灭 95% 以上的越冬代虫蛹，大大降低了螟虫基数，有效降低了螟虫的发生程度。

（4）进行种子处理 在病虫害预防方面，公司主要进行三项种子处理技术，达到了事半功倍的效果。一是早晚稻采用 25% 咪鲜胺乳油 2000 ～ 2500 倍浸种消毒，全面杀灭恶苗病、稻瘟病等病原菌，降低大田发病率；二是早晚稻催芽后统一用 25% 噻虫·咯·精甲种衣剂拌种，有效预防恶苗病、立枯病、稻瘟病，可减少秧苗期 2 ～ 3 次防治稻蓟马，并能有效预防水稻癌症——南方黑条矮缩病。

（5）推行"送嫁药" 为让秧苗从秧田移栽到大田后一月内不用药，公司在秧苗移栽前 2d 左右，每亩秧田用 50% 吡蚜酮可湿性粉剂 100 ～ 150g+20% 氯虫苯甲酰胺悬浮剂 100 ～ 150g 兑水 15kg 喷雾，预防了大田前期螟虫、稻蓟马、稻飞虱等害虫。使用"送嫁药"每季可减少 0.5 ～ 1 次的大田用药。

（6）实施健身栽培 水稻施肥均衡可提高抗病虫能力。公司全部丘块均进行测土配方施肥，并全部种植绿肥，做到有机肥与化肥结合，氮肥与磷、钾肥结合，施足基肥，早施追肥，不偏施氮肥，促禾苗生长健壮，增强植株抗耐害能力；同时在水稻整个生育期进行专人科学管水，做到浅水分蘖，苗足晒田，湿润长穗，特别是在分蘖末期适时晒田可有效控制纹枯病的发生蔓延。

（7）应用诱杀技术 一是应用害虫性诱剂诱杀技术。公司田块主要发生二化螟，为控制二化螟危害，使用二化螟性诱剂诱杀二化螟雄蛾。早稻在每年 4 月中旬、晚稻在 7 月下旬开始分别安放有效期为 3 个月的二化螟诱芯，每亩一个。通过连续多年应用，二化螟性诱剂诱捕区早稻已无需开展化学防治，全年减少 2 次防治。二是应用灯光诱杀技术。所有稻田均按每 40 亩安装一台扇吸式太阳能杀虫灯，该种杀虫灯对天敌具有保护作用可避免害虫、天敌通杀的弊端，做到了只杀害虫、保护天敌，并杀灭大部分趋光性害虫。三是应用香根草诱集技术。在公司适宜种植香根草的田埂上种植香根草，引诱稻螟虫在香根草上集中产卵，阻碍螟虫繁殖转化，降低虫口基数。以上三种技术大大减少了害虫基数，实现了少用药或不用药的生态防控技术。

（8）保护自然天敌 公司在田埂上种植了百日红，为蜘蛛等自然天敌提供了栖息场所和转移通道，借此保护天敌，提高天敌的种群数量及控害能力。

（9）合理使用农药 一是使用生物农药。在病虫发生初期和轻发生时，使用生物农药防控病虫，力争早防早控、减轻后期防治压力，减少化学农药使用次数，减缓抗药性的产生。二是精准测报，对主要病虫进行科学预判，准确掌握病虫防治适期，及时使用高效、低毒、低残留新农药，并交替使用，集中统防统治，环境友好型农药覆盖率达 100%。

2. 绿色防控集成技术应用成效

（1）粮食产量提高 到目前为止，公司通过水稻病虫害绿色防控集成技术示范和推广应用技术日趋成熟。多年的田间测产结果表明，绿色防控集成技术示范区比农户自防区双季稻亩平均增产 100.1kg，为今后的防控效果打下了坚实的基础。

（2）农药减量增效逐步实现 近些年来公司绿色防控集成技术示范区比农户自防区单季化学农药使用次数平均减少 1 ～ 2 次，化学农药使用总量减少 43%。

（3）田间有益生物种群密度不断增加 据近年调查统计，绿色防控集成技术应用区晚稻前期蜘蛛、黑肩绿盲蝽等天敌数量为 245 头 / 百丛，比非应用区的 160.1 头 / 百丛增加 53.0%，大大提高了天敌自然控害能力。

（4）防治直接成本明显下降 据初步统计，绿色防控集成技术应用区化学农药使用次数和使用量的减少，使每亩直接降低防治成本39元，其中用药费24元，用工费15元。

（5）**综合效益逐年提升**　据统计，随着公司绿色防控集成技术的应用，绿色防控效果不断体现，如2017年绿色防控集成技术应用区双季稻每亩增产节支319.28元。田间鸟类成群，沟渠水草鱼虾重现，生态环境明显好转，稻谷品质提升，为公司打造"赫山兰溪大米"等绿色优质大米品牌奠定了坚实的基础。

3. 绿色防控集成技术存在的问题与建议

通过水稻病虫绿色防控技术的应用示范，明确了各单项技术的有效性及其防效，今后进一步的工作是将多种技术以相互配合的方式，因地制宜地优化组装，以便充分发挥绿色防控技术的多效应及其互补功能。还需进一步完善和强化绿色防控技术，如性诱剂诱杀技术，虽可操作性强、效果好，但存在的致命缺点是防治对象单一，应用成本较高，在生产上必须成规模地大面积统一放置性诱剂诱捕器，才能收到良好的防治效果，如果没有财政补贴，很难大面积推广应用。建议要以现代农业示范区建设、农村环境治理和打造绿色优质大米品牌为契机，探索建立由政府项目推动，专业化服务组织实施，粮食生产及加工企业等社会多方投入的机制，整合资金，优化技术、服务指导，全方位加强和推进病虫害全程绿色防控工作；建议从农业三项补贴中适当拿出部分资金用于绿色防控的基础性技术研究与开发，主要用于杀虫灯、性诱剂等一些投资大、效果好的项目。

（薛华良，梁建文，贺健卫）

第九节
稻—稻—菜种植模式

一、典型案例

益阳市三益有机农业发展专业合作社，位于泉交河镇来仪湖村。合作社流转土地 2266.97 亩，其中有机蔬菜生产面积 350 亩，绿色蔬菜生产面积 900 亩，年总产量达 6900t，平均年亩产量达 5.5t，年产值 2480 万元，亩平均产值 19800 元，年利润达 200 万元，亩年利润 1600 元。水稻按绿色食品要求进行生产，年产优质水稻 1000t。

图1　合作社执行总裁徐学财展示白菜薹

近年来，在徐学财（图1）的带领下，合作社通过采用"稻—稻—菜"生产模式，培肥地力，提高规模种植效益。采用"稻—稻—菜"种植模式，每亩可增收 1000 元以上，复种指数从 200% 提高到 300%，实现多种多收，土壤肥力提高 10% 以上，促进后作增产，实现水旱轮作，改善稻田生态环境，改良土壤。通过合理安排好茬口，选用优良品种，及时播种，及时定植，搞好田间肥水管理，及时防治病虫害，并搞好加工、销售，取得了理想的效果。现将其经验总结如下。

二、技术要点

1. 稻—稻—包心芥菜

收获晚稻后，利用冬闲田种植包心芥菜（图2），可新鲜上市，尤其适宜用于加工，产品口感独特，色味俱佳。可提高复种指数，充分利用冬闲劳力，增加收入。

选择白沙 11 号早包心芥菜，60d 中熟包心大芥菜（图3），大坪埔包心芥等抽薹迟的品种，进行晚秋播，即于 10 月播种，播种后 30d 左右移栽。于次年 3 月前后收获。

每亩施用优质复合肥 50kg，充分腐熟农家肥 1000 ～ 1500kg，均匀撒施田面。按 1m 宽犁一沟，不必全田翻犁，再清沟整畦耙平。畦面宽 70cm，沟宽 20cm，深 20cm。按株行距 55cm×45cm 开穴，亩栽 1800 ～ 2000 株。每穴施钙镁磷肥 25g。

图2　包心芥菜栽培　　　　　　　　　　图3　包心芥微距图

田间管理：定植后一个月内，每5d浇一次肥，按每50kg水掺进口复合肥250g浇施，前期薄肥勤施。定植30d后，每7～10d浇一次水肥，每50kg水掺进口复合肥350～500g，浇在株距中间。在整个生长期内，畦面要保持土壤湿润。及时防治病毒病、霜霉病、菌核病、黑腐病等病害，蚜虫用吡虫啉、氯氟氰菊酯或啶虫脒等喷雾防治。

2.稻—稻—茎用榨菜

榨菜又名茎用芥菜（图4），在9月底10月初，利用旱土育苗，11月上中旬移栽到收获晚稻后的稻田里，在翌年3月底4月上旬一次性收获，然后栽插早稻。榨菜每亩产量（包括茎、叶）达4000多千克，采用盐脱水粗加工工艺制成坛装榨菜，剔除所有成本后，亩可增收2000元左右，种植榨菜后的早稻田，因为肥料的积累及烂菜烂叶还田，基本上不需使用肥料，可节约近200元，这样，每亩可纯增收2200元左右。

图4　榨菜产品

榨菜品种地域性较强，在引进新品种时，一定要在小面积试种的基础上再进行大面积种植。苗期注意防蚜。苗龄30～35d定植。每亩施腐熟农家肥2000～2500kg，翻耕入土，结合复合肥50kg，然后整地，整成畦宽连沟1.5m左右，畦面成龟背形。一般每亩栽5000～6000株，株行距23cm×33cm。

田间管理：移栽后或还苗后，每亩用尿素4～5kg，加水1000kg浇施。1月下旬追施第二次肥料，一般亩用碳酸氢铵25kg、过磷酸钙20kg、氯化钾5kg，加水1500kg浇施。2月下旬施重肥，亩用尿素25kg+氯化钾12.5kg+水1000kg左右浇施，7d后，根据生长情况，再追1次肥。还苗后，每亩用60%丁草胺乳剂100～125mL兑水50～60kg喷洒畦面或用50%乙草胺乳油50～75mL兑水50～60kg喷施除草。及时防蚜1～2次，清除病毒株。冬前如遇长期干旱，可根据情况沟灌水一次，并及时排干，不能漫过畦面。如雨水过多，应及时开沟排水。

3. 稻—稻—排菜

排菜（图5）又叫雪里蕻、雪菜等，叶质脆嫩、风味鲜美、营养丰富，既可鲜食、亦可腌制，具有特殊的香味，为冬春佳菜，可填缺补淡。晚稻收获后种植一季排菜，病虫害少，容易管理，翌年3～4月收获，一般亩产可达3000kg以上，通过腌制等加工，效益倍增，可达3000元左右。

选用大叶排菜、九头芥、凤尾排菜等品种。一般于9月下旬至10月上旬旱土播种育苗，10月下旬至11月上旬定植于稻田。每亩施腐熟农家肥1000～1500kg，加磷酸二铵30kg，草木灰100kg，深翻耙平耙碎做畦，一般畦宽1.5m，沟宽30cm，沟深30cm。每畦一般栽4行，行株距35cm×（30～35）cm，亩栽4000～5000株，带土移栽。

田间管理：定植后，防旱防涝，少雨时防止干旱，多雨时做好排水工作。追肥结合浇水进行，以氮肥为主，适当增施磷钾肥。定植成活后开始追肥，一般3次，浓度由淡到浓。移栽后浇施淡肥水促成活，12月中旬每亩用碳酸氢铵、过磷酸钙各20kg兑水浇施，2月中旬每亩用尿素20kg、钾肥15kg追施一次。在浇水追肥同时应进行中耕除草。采收前20d停止浇水，以利加工。病害主要是病毒病，以防蚜虫为重点，并用植病灵、盐酸吗啉胍、香菇多糖、宁南霉素等防治。虫害主要是蚜虫、菜青虫，可用吡虫啉和氯氟氰菊酯等农药喷雾防治。

4. 稻—稻—红（白）菜薹

在两季稻谷的基础上，再加种一季晚红（白）菜薹（图6），是一种较好的冬季农业种植模式。平均每亩可增收2000元左右，高的达4000多元。

红菜薹品种有五彩十月红、湘红二号等，白菜薹品种有箭杆白、春秀、五彩黄薹一号等。早熟品种一般于8月至9月播种育苗，晚熟品种9月至10月播种育苗，中熟品种播种期可在两者之间。根据一季中稻或双季晚稻收获期选用适当的品种和播种。苗床应选择比较肥沃的壤土或砂质壤土，播前施腐熟有机肥，真叶开展后，间苗2～3

图5 排菜　　　　　　　　　　图6 白菜薹

次，保持苗距 3cm 左右。幼苗生长欠佳时，可追施速效氮肥，5 片真叶时移栽。每亩施腐熟有机肥 2000kg、过磷酸钙 30kg、尿素 15kg 和硫酸钾 30kg 作基肥，定植株行距（25～30）cm×（60～65）cm，定植后及时追肥。

田间管理：干旱时浇水结合施肥，雨季做好排水工作。菜薹形成和采收期需要肥水充足，追施粪肥时浓度宜稀，最好用尿素或复合肥，采收 2～3 次重施肥一次，每亩用量 15～40kg。严寒来临前控制肥水，以免生长过旺而遭受冻害。菜薹一般发病较轻，疫病、霜霉病，可用霜脲·锰锌、烯酰·锰锌、甲霜·锰锌等防治；软腐病可用新植霉素、辛菌胺、氢氧化铜等防治；病毒病以防蚜为主，感病后可用宁南霉素、香菇多糖等喷洒。蚜虫可用吡虫啉防治。

5. 稻—稻—春马铃薯

春马铃薯一般 12 月中下旬至翌年元月上旬播种，4 月下旬至 5 月上旬收获。早稻选用迟熟品种，采用稀播壮秧或两段育秧，于 5 月上旬马铃薯收获后及时移栽，早稻适当密植，增加基本苗，结合一次性施足肥料，确保禾苗早生快发；晚稻选用中熟或中熟偏早的杂交稻组合，适时播种移栽。与双季稻相比，每亩纯增加了一季马铃薯收入 2000 多元。

种植东农 303、大西洋、费乌瑞它（图 7）、中薯 5 号等新品种。一般每亩施基肥：农家肥 3000～4000kg，硫酸钾 15～20kg（或草木灰 100～150kg），复合肥 50～60kg。缺锌的可施入硫酸锌 2kg，缺硼的可施入硼砂 1kg。在 12 月中下旬至元月上旬播完，要求薯块带芽播种。适宜密度为每亩 4000～5000 株，大西洋以每亩 5500～6000 株为宜。此外，肥力水平低的可适当偏密，肥力水平高的

图 7　脱毒费乌瑞它马铃薯

偏稀。马铃薯播种前用敌磺钠或多菌灵等土壤消毒。播种后均匀覆盖 10cm 厚的稻草。

田间管理：重点抓好水的管理，保持土壤干爽，土壤过湿容易烂种，开好"三沟"（围沟、腰沟、厢沟），做到排水畅通，雨住田干。遇连续干旱天气，适当灌水保持湿润，促出苗齐苗。齐苗后每亩追施尿素 7～8kg 或碳酸氢铵 20kg 加硫酸钾 8～10kg 兑水浇施或沟（穴）施，旺长苗可适当少追或不追。在现蕾期至开花期，植株对肥水过大表现徒长趋势的，可喷施 15% 多效唑可湿性粉剂 24～32g，或 25% 多效唑乳油 15～20mL，加水 40L，用喷雾器均匀喷施到植株冠层上，也对马铃薯有显著增产作用，增产幅度近 30%。

（何永梅，李绪孟，陈维）

第十节
稻—油机械直播模式

一、典型案例

益阳市赫山区新建农机专业合作社位于赫山区衡龙桥镇江西村，法人代表杨利明（图1）。流转土地1100多亩种植水稻，有各类农业机械47台套，成立有机收队、机耕队、机防队、机修队等服务队，每年可完成作业面积5000余亩，服务农户达312户。年创收68万元，对当地的农业机械化发展起到带头示范作用。

特别是在收获一季晚稻或一季中稻后利用机械直播油菜，省工高产高效。合作社摸索出了一套经济有效的模式，与移栽油菜相比，油菜机械直播具有播种速度快、效率高、减少育苗和移栽用工、节约用地、降低生产成本和减轻劳动强度的显著优势，尤其适合规模经营。机械播种还可以实现播种开沟同步进行，有利于提高出苗率。实践表明，以机械直播方式种植油菜，只要掌握配套技术可以获得与育苗移栽相似甚至更高的产量。此外，若选用菜用油菜品种，还可以在前期油菜薹价格好时，采收油菜薹主菜薹及部分侧薹上市（图2），油菜薹价格差时，再留侧薹结籽作油，可充实上市蔬菜花色。油菜花开的季节，还可以养蜂采蜜（图3）。若集中连片种植，有利于旅游开发（图4）。实现油菜种植利益最大化。现将技术要点总结如下。

图1　合作社负责人杨利明展示菜薹

图2　油菜薹作菜用

图3　油菜地养蜂　　　　　　　　　图4　油菜花海

二、技术要点

1. 稻田选择和准备

油菜浅耕直播宜选择排水良好、土壤肥力较高的一季晚稻田和晚稻田。在晒田前后根据排水难易开好腰沟、围沟，做到有备无患，确保晚稻收割后能迅速机械直播。

2. 品种选用

油菜机械直播一般要比育苗移栽推迟 10 ～ 20d，且播种深度很难均衡一致，因而机械直播油菜宜选用生育期较短、籽粒大、出苗快、发棵早的冬、春双发品种，如华湘油 10 号（图5）、常杂油 9 号、沣油 737、湘杂油 991、湘杂油 992。

图5　华湘油 10 号角果期

3. 适期早播

选择单季晚稻成熟期较早、集中连片面积相对较大、辐射面广的田块。水稻收获后，尽早腾茬播种。在适播期内，播种越早越有利于高产。在湖南益阳，要收获油菜籽的以 9 月 25 日～ 10 月 25 日播种为宜，最迟 10 月底播完，赏花油菜也要在 11 月上旬播抢晴天播完。

4. 适墒播种

适墒播种是保证一播全苗的关键，干旱影响出苗及菜苗生长，受渍易造成烂根烂种和僵苗不发。水稻茬口要造墒备播。做好稻田后期的水浆管理，保持田间干干湿湿。

天气干旱时在水稻让茬前1周左右灌一次跑马水，保持足墒。水稻留茬高度10cm左右，并清除田内稻草，削高垫低，防止洼塘积水烂种。水稻收获后应尽量做到早播种、早出苗、早发苗。

按1.7～2m开厢，厢沟宽30cm，按田块大小确定主沟条数，四周开围沟，做到三沟相通。播后要迅速组织人力疏通三沟，确保雨住田干。

5. 精细播种

（1）**播种量** 一般每亩播种量200～300g，播种早的用种量适当减少，迟播的适量增加。直播油菜因营养生长缩短，单株荚果少，一季稻田收获油菜籽的要以苗多取胜，依靠主花序和一次分枝夺高产；菜用油菜可适当降低播量；肥用和赏花油菜播种偏迟，可适当提高播量。

（2）**种子处理** 油菜播种前，按60%吡虫啉拌种剂10mL拌油菜籽500g的标准配药拌种，如将10mL拌种剂与500g油菜种子放在塑料盆内轻轻翻拌2～3min，使种子均匀着药，也可将药液兑25mL水放到喷雾器里边喷边拌，摊开晾干后即可播种。

（3）**播种密度** 播种行距一般为40cm，播种深度为1.0～2.0cm。播种时要均匀一致，不漏播、重播。

（4）**机械直播方法** 机械直播主要采用湖南农业大学研制的2BYG-220型油菜联合播种机（图6），将该播种机挂在拖拉机的旋耕机上，可实现施肥、旋耕、播种、开沟起垄集合在一起。在同样的种子、同样的肥料、同样的地块下改变了施肥播种模式，可实现节肥、节种、节水、省工、保苗、降低成本、增产增收。

图6 机械直播

播种时开较慢挡，并注意调节播种管口种子流速，确保播量适宜。同时边播边旋耕盖种，旋耕深度保持在1～1.5cm。播种前要认真检查机具，播种时要经常察看播种管是否被堵塞，播种时行走要平稳，在保证农艺要求的播量、播深和行距的前提下，要根据地块大小和形状选择最佳的行走路线和播种方法，在前进过程中速度要均匀，尽量不要中途停机，否则停机处因落种过多，易造成丛生苗。播种机未提升不能倒退。

（5）**机械开沟** 播种完毕后或在播种前，按厢宽1.5～1.8m进行机械开沟，沟宽20～25cm，沟深25～30cm，三沟相通，达到雨后0.5h后渍水排干。沟土可撒于厢面。

6. 田间管理

（1）保湿促齐苗　油菜出苗和生长既怕干旱又怕淹水。播种后如土壤干燥应灌跑马水1次，将田间土壤湿透。齐苗后如果田土干燥发白，还要灌1次跑马水。

油菜播种后，若冬春降雨较多，极易发生渍害，导致僵苗和死苗。要及时清沟沥水，确保三沟畅通，达到雨住田干。尤其是湖区稻田油菜，往往因为排水不畅，而导致前功尽弃。

（2）化学调控　化学调控是机械直播油菜防冻、抗倒伏、获高产的一项重要技术措施。在12月中旬，每亩用15%多效唑可湿性粉剂30～40g兑水30kg喷雾。

（3）间苗定苗　出苗后，及早间苗，间苗标准为"去密留稀，去杂留纯，去弱留强，去病留健"，同时检查有无断垄缺行现象，尽早移栽补空。4～5叶期，根据田间苗情长势和施肥水平定苗，密度控制在每亩2万～3万株。播种期早的可适当降低密度，播种期迟的可适当增加密度，最佳播种期内留苗密度为2.5万株。

（4）合理施肥　直播油菜播种较迟，必须加强前期用肥力度。适当提高施肥水平，氮、磷、钾、硼肥配合施用。重施基苗肥，一般每亩施用40%复合肥30～40kg、尿素10kg、颗粒硼肥400～500g，或生物有机肥150kg加复合肥18kg。

4～5叶期结合间苗定苗，每平方米留苗35～45株。每亩追施尿素7.5～10kg作提苗肥，在晴天无叶片无露水时撒施或在雨前撒施，对苗势较差的地方偏施。

3月上中旬薹高5～8cm时每亩追尿素5～6kg作薹肥。

花期结合菌核病防治，条件许可则用硼、钾、钼肥根外喷施。对没有基施硼肥的地块，于油菜苗期及薹高15cm左右时喷施0.2%左右硼砂溶液补充硼素。

（5）防治病虫害　直播油菜留苗密度高，要密切注意油菜苗期病虫害的防治。油菜苗期主要防治蚜虫、黄曲条跳甲和菜青虫，花期重点防治菌核病、霜霉病。

① 蚜虫　可选用50%抗蚜威可湿性粉剂2000倍液，或48%噻虫啉悬浮剂2000～3000倍液、10%吡虫啉可湿性粉剂2500倍液等喷雾防治。

② 黄曲条跳甲　可选用45%氟虫脲乳油1000～1500倍液，或2.5%溴氰菊酯乳油2500倍液喷雾。

③ 菜青虫　可选用1.8%阿维菌素乳油1200～1600倍液，或0.2%苦参碱水剂500～600倍液、30%茚虫威水分散粒剂12000～20000倍液等喷雾防治。

④ 油菜菌核病　一般田块提倡在油菜盛花期（3月上中旬）和终花期（4月上中旬）各防治一次。可选用50%异菌脲可湿性粉剂1500倍液，或50%甲基硫菌灵可湿性粉剂500倍液、25%咪鲜胺乳油40～5mL/亩等，兑水50～60kg喷雾防治。在药液中加入少量"速乐硼"（或硼砂），同时防治油菜"花而不实"。

⑤ 油菜霜霉病　一般在2月上旬抽薹至初花期，选用75%百菌清可湿性粉剂500倍液，或72%烯酰·锰锌可湿性粉剂600～700倍液、36%霜脲·锰锌悬浮剂600～700

倍液，每亩喷兑好的药液 60～70L，隔 7～10d 喷 1 次，连续防治 2～3 次。

（6）**防治草害** 机械直播油菜杂草基数较高，草害往往较重，要在机播前每亩用 41% 草甘膦乳油 200mL 兑水 50kg 喷雾，或人工清除田间杂草。

播种后出苗前，亩用 50% 乙草胺乳油 50～75mL 兑水 30～40kg 喷施。

如果没有进行芽前除草或芽前除草效果不佳的，一般可在油菜 5～6 叶期，杂草 3～5 叶期，每亩用 5% 高效喹禾灵乳油 60～70mL，或 10.8% 高效氟吡甲禾灵乳油 30mL，兑水 30～40kg 均匀喷雾防治禾本科杂草。

以阔叶杂草为主的田块，要在油菜 4 叶期以后，用 30% 草除灵悬浮剂 50mL 兑水 50kg 喷雾。

防治禾本科和阔叶杂草，每亩用 17.5% 草除·精喹禾（"油草双克"）乳油 80～100mL，兑水 30～40kg 均匀喷雾。

开春后（2 月中旬）杂草较多的田块进行第二次化学防除。

7. 适时收获

机收油菜一般成熟度 90% 左右为收割适期，早稻直播区油菜在 4 月 25 日前收获离田，早稻移栽区油菜在 5 月 1 日前收获离田。可用联合机械收获。

（何永梅，李绪孟，吴刚）

第十一节
稻—肥种植模式

一、典型案例

湖南奎星农业科技开发有限公司成立于 2018 年 7 月，法人代表于熬（图 1），总投资 2500 万元。公司位于赫山区泉交河镇奎星村（图 2），主要从事餐饮、民宿、高端果蔬种植与技术开发、休闲观光农业建设、粮油、茶叶、农副产品收获、销售（图 3），乡村旅游开发等特色农业项目。

公司在发展休闲农业、打造乡村旅游业的同时，注重农业生态种植，特别是在水稻培肥方面，通过种植紫云英为主要绿肥作物的"肥—稻""肥—稻—稻""肥—果"是很好的养地方式。春暖花开的时候，一望无垠的稻田开满了紫云英，也是一道靓丽风景（图 4）。公司在近几年的水稻—紫云英种植方面积累了许多经验，现总结如下。

图 1　公司董事长于熬观察果园里的柑橘生长
情况

图 2　公司外景

图 3　公司新鲜水果一角

图 4　紫云英风景

二、技术要点

1. 选地

宜选用排水良好、疏松、肥沃、灌溉条件好的砂质壤土至黏壤土种植。

2. 品种选择

应购买适合本地的纯度较高的良种，双季稻区可以选择宁波大桥种、闽紫系列、余江大叶种等，单季稻区应选择南昌种、丰城青秆种和宁波大桥种等中熟偏迟或晚熟品种。

3. 种植方式

（1）**套种** 在中晚稻后期行间套种。在播种前，田块四周要开沟排水。土质黏重且有渍水的稻田，应结合开沟排水适当晒田，晒至土壤丝状裂开，不要晒至过硬。

播种紫云英时应保持稻田土壤湿润或有 1～2cm 薄水层。大部分种子萌发后，田间应保持湿润，积水勿超过 24h。水稻收获前 10d 保持土壤干爽。

（2）**机械免耕直播** 单季稻地区，可在中稻收割后 2～3d 内用机械直播。直播机械可选择油菜直播机械，集开沟、播种、覆盖一体化。大型机械每隔 2.6m 开沟一条，畦宽 2.5m，沟深 20～30cm，沟宽 10～15cm。机械免耕直播采取条播，在水稻收获前 10d 应排水晒田，达到水稻收获时脚踩基本无印迹。

4. 种子处理

紫云英种子的处理方法如下。

（1）**晒种** 在播种前将紫云英种子在阳光下暴晒 1～2d，提高种子活力。

（2）**擦种** 将种子和细沙按照 2∶1 的比例拌匀后装在编织袋中搓揉，或放在碾米机上碾 2 遍，将紫云英种皮外的蜡质层擦破，以利种子整齐吸胀与发芽。

（3）**选种** 将擦种后的种子用 10%～15% 的食盐水选种，去除瘪粒、感染菌核病的种子、杂草和杂质。选种后用清水洗净盐分。

（4）**浸种** 用 54℃ 温水浸种 10min，使种子吸足水分，出苗快和出苗整齐。若用常温清水浸种则浸泡 12～24h，换水 1～2 次，洗净黏质。还可用 0.05% 钼酸铵溶液浸种 12～18h。

5. 接种根瘤菌

紫云英对根瘤菌要求专一，选择根瘤菌要经过紫云英与根瘤菌匹配试验。选择活菌个数 10^8 个/mL 的液体或固体根瘤菌剂，在室内阴凉处，按 2kg 种子用根瘤菌 150～200g 的量，放在清洁容器内，加入适量清洁水调成糊状，再加入少量泥浆和 8～10kg 钙镁磷肥拌匀，拌完即播。也可按产品说明书进行操作。

6. 紫云英播种

（1）**适当早播** 9月上中旬～10月上旬播种的紫云英鲜草产量最高，此后播种的鲜草产量逐渐下降。单季稻以9月上中旬播种为宜。晚稻采取稻底播种，以水稻灌浆或稻穗勾头时为宜，一般紫云英与晚稻共生期在15～20d较适宜。机械翻耕播种，宜在水稻收割后2～3d内进行。

（2）**播种量** 双季稻田，单作每亩播3～4kg（留种田每亩播1.5kg），间作每亩播1.5～2kg。单季稻田，每亩播2～2.5kg。早熟品种的播种量应适当高于迟熟品种播种量。若采用紫云英与黑麦草混播，紫云英用种量为单种时的70%。

（3）**播种方法** 稻底套种以撒播为主，撒播要均匀。生长较好的稻田，在播种后要用竹竿轻轻拨动稻株，以减少搁籽。播种时应保持田面湿润或有1～2cm的薄水层。播种后，若是黏重土壤，应适当晒田，达到土软而不烂。若是砂质土壤，应采取浅水播种，待种子萌芽后再排水。

7. 田间管理

（1）**稻底期间水分管理** 紫云英发芽期怕旱忌涝。因此，要做到田沟有水、田面无水，保持田间湿润。齐苗后至第二片真叶出现仍要保持田间湿润，雨天注意排水，严防田间积水，久旱无雨要灌串沟水。割稻前5～7d切断水源，排干田沟水。

（2）**科学施肥**

① 磷肥 根据土壤的特性选择合理的磷肥品种，中性土壤以施用过磷酸钙为好；酸性土壤以钙镁磷肥为好。绿肥田，一般每亩用过磷酸钙或钙镁磷肥15～20kg，在缺磷的土壤每亩用量可增加到30kg，在割稻后施入；留种田每亩可用过磷酸钙15～20kg，其中1/2作基肥，1/4作苗肥和1/4作春肥较好。

② 其他肥料 稻田土壤肥力偏低的，在11月中旬及紫云英第一片真叶出现时或割稻后，每亩施氯化钾5～7.5kg。在紫云英第一片真叶期，每亩施尿素1～1.5kg。2月中旬到3月上旬开始旺盛生长时，每亩施尿素2.5～5kg。若叶面喷施0.1%～0.15%硼砂（硼酸）溶液和0.05%钼酸铵溶液1～2次，可增加鲜草产量。

（3）**水稻适当留高茬** 采用水稻联合收割机收获晚稻，在收割时留高茬，高度以40～50cm为宜。

（4）**保苗** 水稻收获后，进行稻草覆盖、抗旱、防渍、防冻等措施保苗。灌溉条件差的稻田，在收割水稻后，要趁田土湿润时撒下一薄层稻秆（薄到能透光）遮盖幼苗。除留下少量稻草覆盖外，将稻草全部清出田间，严禁在紫云英田间焚烧稻草。

（5）**排涝防旱** 紫云英喜湿怕渍。冬季如遇干旱，土表发白，紫云英边叶发红发黄时，可灌跑马水抗旱。秋冬季或开春后，要多次清沟排渍，做到大雨后田面不积水。生长后期，要防止积水造成烂根和发生菌核病。

要在田块四周开围沟，或居中开沟。土壤黏重的田块，四周应开好围沟，中间每隔5～10m加开腰沟，腰沟与围沟相通。四周围沟深破犁底层，沟深25～30cm。腰沟深 15～20cm，沟沟相通，排水畅通，雨住田干。

8. 病虫害防治

紫云英病虫害少，但偶有菌核病、白粉病、轮纹斑病、蚜虫、蓟马、潜叶蝇等发生，应加强田间的肥水管理，减少病虫害发生发展的条件，若发生重时，应注意及时用药防治。

9. 紫云英翻沤技术

（1）紫云英与秸秆、化肥联合施用　紫云英的养分利用率较高，采用紫云英与稻秆高茬留田，翌年 3～4 月紫云英盛花时与紫云英混合直接翻压还田，可提高土壤腐殖质含量、保持土壤结构。有机肥与磷肥配合施用，养分互补性更好。

（2）适时翻沤　若用紫云英作直播早稻基肥，宜在初花期翻压；用作移栽或抛秧早稻肥料的，可在盛花期翻压。直播早稻播种前 7～15d 翻沤，移栽或抛秧早稻插、抛前 7～10d 翻沤。单季晚稻地区，水稻栽插时气温高，需要延长紫云英的供肥时间，一般在初荚期翻沤。

（3）适宜使用量　早稻特别是双季早稻，前期供肥量大，应于早稻移栽前 7～15d，紫云英盛花期翻沤，鲜草翻压量以每亩 1500～2000kg 为宜。一般以直接翻耕为主，气温较高、土质疏松、排水良好的稻田，可深翻耕深沤田；土壤黏重、排水差的稻田应浅翻耕浅沤田。翻压后至早稻苗期（紫云英翻压后 1 个月内）田间不排水。

紫云英鲜草产量可达 2000～3000kg，超过部分应割下移至不种紫云英的水稻田，或作猪、牛的青饲料等。

（4）翻压技术

① 翻压深度　采取深翻耕深沤田方式，作早稻基肥，翻压深度 15cm 左右；做中稻基肥，翻压深度 17cm 左右。

② 翻压方式　翻压方式有干耕和水耕两种，干耕的方式要好于水耕。在机械化程度较高的地区，应采用干耕，耕深 15cm 左右，3～5d 后待犁垡晒白即灌浅水耙田；在机械化程度不高的地区则采用水耕，水耕要求将紫云英埋得深，施得匀，翻压要完全。在水稻栽插前，再进行一次耙田。

③ 增施石灰　为防止水稻施用紫云英后引起秧苗僵苗，除应采用干耕外，在耙田插秧前每亩撒施石灰 40～50kg。

（何永梅，谭丽）

第十二节
稻—蛙高产高效套养模式

一、典型案例

　　益阳市顺意青蛙养殖专业合作社位于赫山区八字哨镇先锋岭村，是一家主要经营、销售水稻、蔬菜、青蛙、龙虾及其他水产品的农业企业，养殖面积50亩，负责人为欧阳国武（图1）。合作社致力于发展稻田套养黑斑蛙的高效种养技术（图2、图3），亩产蛙1000kg，亩产值2.5万元，亩利润1.5万元，亩产稻谷500kg左右，亩产值0.13万元，亩利润0.08万元。蛙总产量50000kg，总产值50万元，稻谷总产量25000kg，总产值6.5万元，稻蛙综合总产值56.5万元，总利润79万元，亩利润15800元左右。因是稻田套养，产品生态环保，药物残留少，在市场上供不应求，极大地促进了区内黑斑蛙产业的发展，取得了良好的经济效益和社会效益。

图1　合作社负责人欧阳国武在稻蛙基地

图2　合作社稻蛙养殖基地

图3　合作社养殖的黑斑蛙

二、技术要点

稻蛙种养是利用稻蛙共生原理，把水稻种植和蛙的养殖在稻田水域空间紧密地结合，最终达到稻、蛙双丰收的生产方式。可有效改变农业生产结构，使合作社朝着生态种植绿色产品、健康发展的综合生产发展。

1. 基础条件

尽量选择偏离人烟的地方，田块以 0.5～2 亩为宜，水源充足，排灌方便。

2. 饵料台搭建

蛙具有互相残食的习性，体质弱小的蛙及病蛙会被蛙群中的其他个体吃掉。其次，稻田中的天然饵料也不能满足大量蛙群的采食。因此，在蛙群投放后如果不能及时人工投喂饲料，就会造成蛙群生长不同步，进而加剧蛙群内的自相残食现象。搭建饵料台一是能解决定时定点投料的问题，二是能弥补天然饵料的不足。可将尼龙纱网裁剪成 1～2m 长、宽，用木条框起来做成饵料台，便于操作即可，或直接利用防逃网内留出的田埂面铺设料台，料台的规格及数量可根据田块大小、田块形状及蛙种密度进行合理调整布置。

3. 防逃设施与进排水系统

蛙类善跳跃，且有白天躲藏于湿润的草丛和松散的泥中的习性，因此在利用尼龙纱网建造防逃隔离带的时候，须将尼龙纱网埋入田埂泥中 20cm 左右，并保证地上部分高度在 1～1.2m 以上，然后用竹竿、木棒、钢管等每隔 1.5～2m 固定（钢管最好）。此外，可用塑料薄膜等质地光滑的材料覆盖在地上部分的防逃尼龙纱网上缘 10～15cm 处，防止个别蛙攀爬逃跑。进排水口则按照"高进低出"的原则分别设置在田块的高、低两处，并要在进排水口设置网袋，阻止外来有害生物及其他杂质进入田间，防止排水时蛙随水流出。

4. 驱鸟装置布置

蝌蚪及幼蛙天敌较多，蛇、鸟、黄鳝及老鼠等对幼蛙都将造成不小的损失，因此在建设蛙的防逃设施的同时更应该做好蛙的天敌应对措施。对于驱鸟器见效差的区域可布置天网、悬挂彩带、置放反光器等驱鸟装置。

5. 蛙种选择与投放

在水稻种植 10d 左右，秧苗返青成活后可选择在晴天的上午开始投放蛙种，蛙种应选择经济价值高、适应性强、体格健壮、健康无伤病、当年繁殖的幼蛙，品种以虎纹蛙或黑斑蛙等为佳。每亩投 5000～8000 个养殖。蛙种投施前需用 2%～3% 的食盐水或 0.5mg/kg 的高锰酸钾溶液泡浴消毒 10～15min。

6. 日常管理

蛙以活饵为主，但投人工配合的膨化饲料也可以，每天上午、下午各投喂一次，以 1 ~ 2h 吃完为宜，一般投喂占体重的 1% ~ 2%。此外，可在田间安装几处黑光灯诱使昆虫集中于灯下，供蛙群自由采食活性昆虫（一般驯化后以饲料为主）。

早晚巡田，观看蛙的生长、吃食情况。蛙是两栖动物，水面、陆地都可正常生长，因此，在稻田里按照水稻栽培的方法来控制田间水位的高低。蛙最适宜生长的温度为 22 ~ 28℃，夏季来临当田间水温超过 30℃ 就要适当增加田间水位来为蛙群避暑降温，夜晚水位低，更便于蛙在水稻田中捕食昆虫。

蛙的疾病本来较少，稻田养蛙密度不大，对防控疾病非常有利，因此，在日常管理中，应以预防为主，调控好水质，并不断向稻田中注入新水，让蛙在干净、优质的水环境下良好生长，并有效防控蛙的疾病。

稻田养蛙疾病较少，但蛇、鸟、老鼠等是蛙的天敌，早晚巡田时严格检查防逃拦网是否有洞，以防敌害生物进稻田残害蛙及蛙从洞中外逃。

7. 病害及防治

（1）红腿病　病蛙精神不佳，无食欲，弹跳无力，两后腿和趾部充血并有浮肿，前肢充血，体表腹面及颌下皮肤有出血点和血斑，腹部膨大，腹腔内有腹水、肝肾肿胀，临死前病蛙有呕吐和便血情况。一般发病在 5 ~ 10 月，发病快，传染性强，死亡率高。防治此病应定期对水质消毒，拌多维投喂，提升免疫力，阿莫西林内服。

（2）歪头病（脑膜炎）　在牛蛙病原是脑膜炎脓毒性黄杆菌；在黑斑蛙病原为米尔伊丽莎白菌。自蝌蚪至亲蛙均可受害。该病来势凶猛、传染性强、发病范围广，死亡率高。病蛙肛门红肿，眼外突，双目失明，有时伴有腹水，幼蛙还会在水中打转；蝌蚪的后肢及腹部有明显出血斑点，肝脏肿大、发黑，脾脏缩小，脊椎两侧有出血斑点，肠充血。尚无有效药物，主要以预防为主，定期用多维和三黄散拌饵投喂，定期对水质消毒。

（3）腹水病　水质恶化，放养密度过高时，易发此病。病蛙行动缓慢，四肢乏力，不摄食或摄食很少，体表无明显异常，腹部膨胀，解剖可见腹腔内有大量积水，腹水呈淡黄色或红色，部分病蛙有肝脏肿大现象。防治方法：新威特 + 养殖安 $2mL/m^3$，连用 3d。

8. 捕捞

通过 3 ~ 4 个月的稻田养殖，当蛙达到 16 ~ 24 个 /kg，即可陆续捕蛙上市。捕抓可采用地笼网捕捉，等晚稻收割干田捕捉及晚上灯光诱捕等方式。

（冷奏凯，孙浪，孟应德）

第十三节
稻—虾高产高效套养模式

一、典型案例

益阳市宏农农业科技有限公司位于欧江岔镇白沙寺村，企业负责人杨文（图1）创新地提出"稻虾鳝"种养模式，将鳝、虾、稻结合起来种养，可全年在稻田进行养殖，充分利用了稻田养殖围沟。较稻虾种养模式，每亩可增加利润1200元左右。公司现有员工28人，专业技术人员8人，稻虾综合种养示范基地810亩，年产小龙虾（图2）120t，年产值500余万元，利润150万元。

图1　公司负责人杨文在基地

图2　公司小龙虾产品

二、技术要点

1. 稻田选择

应选择生态环境良好，水源充足，排灌方便，既能满足水稻生长又能保证小龙虾生长，不含沙土，保水性能好的稻田（注：红、黄壤土的山区稻田谨慎选择）。

2. 稻虾养殖类型

根据各地养殖实践，可以归纳为两种模式：稻虾共生、稻虾轮作模式。本地一般采取稻虾轮作模式。

3. 稻虾田的改造

稻田改造包括围沟开挖、田埂加固，进排水口和田四周的防逃设施、田间沟、遮阴棚等的建造。开挖田间沟坚持四个基本原则：一是田间沟面积控制在 10% 左右；二是靠水源位置保证一段田间沟长 20 ~ 50m，宽 3 ~ 5m，深 1.2m，坡比 1：3（视田块大小决定），并在其上搭建遮阴棚；三是田间沟外侧田埂应高出田面 60 ~ 100cm，宽 1.5m；四是田间沟内侧田埂高 20 ~ 40cm，宽 40cm。至于是否为环形沟、"十"字沟、"U"字沟、"一"字沟、"T"字沟，视田块形状和挖土机取土方便而定。

进、排水口分别位于稻田两端，进水渠道建在稻田一端的田埂上，进水口用 60 目的长型网袋过滤进水，防止敌害生物随水流进入。排水口建在稻田另一端环形沟的低处。按照高灌低排的格局，保证水灌得进、排得出。进、排水口和田埂上应设防逃网。排水口的防逃网可以用 40 目的网片，田埂上的防逃网用纱窗作材料，防逃网高 40cm。

4. 消毒与除野

稻田中的野杂鱼及其他敌害不但会危害虾苗，而且抢夺其食源，必须加以清除。放虾前 10 ~ 15d，在田间、沟泼撒 150kg/ 亩生石灰，也可泼洒茶粕（也称茶麸、茶枯、茶籽饼）浸出液，进行彻底的清沟消毒，杀灭野杂鱼类、敌害生物和致病菌。

5. 水草栽培、施足基肥

水草种植应在 12 月至翌年 1 月底之前完成。水草栽培前应先在池边搁置 1h，使水草上携带的生物脱水死亡方可移栽。田间沟和田面上所移栽的水草以 3 ~ 5 株为一簇，水草条状栽培，每条草带宽 6 ~ 8m，条带间距 8 ~ 10m。环沟沟底全部移栽水草，外埂与环沟间有平台设置的，在平台上移栽水草，平台和环沟水草密度宜稀，水草面积不超过 50%，这样有利于田间沟内水流畅通无阻，也利于虾的活动。目前，推荐栽培伊乐藻、轮叶黑藻两种沉水性水生植物，无需带根栽插。每亩施发酵的畜禽粪肥 500kg，埋入稻田和田间沟中，埋入深度 10 ~ 20cm。施入的肥料可作为水草的基肥，利于水草的快速生长，同时培育的浮游生物作为幼虾的饵料。因稻田的水浅，水量小，水温易受气温的影响发生变化，施肥应该在栽草之前完成。

6. 稻田注水

稻田完成施肥、栽草 3 ~ 6d 后即可注水。前期注水高度以田面 10 ~ 20cm 为宜，以利于水草种植和生长，后期随着水草的生长逐渐加高水位至 40 ~ 60cm。

7. 投放有益生物

在虾种投放前后，沟内投放鳝鱼苗种 7.5kg 左右，利用冬闲季节养殖到小龙虾起捕时一起捕捞，每亩可以捕捞鳝鱼 25kg 左右，每年补充苗种，循环捕捞，可以充分利用稻虾田沟和冬闲季节，不需要专门投饵。

8. 虾苗放养

在 3 月中下旬，以不超过清明节为宜，投放克氏原螯虾幼虾，规格为 60 尾 /kg，投放数量为每亩 15 ~ 30kg（视管理水平定）。虾苗在放养时，要注意幼虾的质量，同一田块放养规格要尽可能整齐，放养时一次放足。在放养时要试水，试水安全后，才可投放幼虾。6～8月中旬，将克氏原螯虾的亲虾直接放养在稻田田间沟内让其自行繁殖，根据稻田养殖的实际情况，一般每亩放养40g以上的克氏原螯虾20kg，雌雄性比3：1。放养前必须用池水（或稻田水）浇淋10min，以降低应激反应，然后用20mg/L浓度的高锰酸钾或聚维酮碘溶液浸泡消毒5min，以杀灭虾体表的寄生虫。

9. 投饲管理

除投放的幼虾、亲虾自行摄食稻田中的有机碎屑、浮游动物、水生昆虫、周丛生物及水草等天然饵料外，宜投喂动物性饲料与人工配合饲料，按"四定原则"投喂，即定点、定时、定质、定量。越冬期间小龙虾基本不摄食或摄食量少，越冬后期，苗种数量较多的稻田，可少量投喂配合饲料或煮熟的玉米、大豆、人工配合饲料等饵料。春天，当水温回升到10℃以上时，小龙虾开始觅食，应逐渐增加人工饲料投喂。为确保下一季水稻栽培不受影响，商品小龙虾也能有较高的销售价格，最好在6月20日前完成捕捞销售。因此开春后，必须立即进行强化喂养。一般选择专用硬颗粒饲料或膨化颗粒饲料作为小龙虾春季饵料，蛋白质含量最好在30%以上。日投喂量一般为在田小龙虾总重量的2%～5%，具体投喂量根据天气、水质、饲料质量等确定，饲料一般投在沟边浅水区和水草空白区，投喂时尽量做到满塘投喂。

10. 调控水位

小龙虾养殖池塘，需要以控制水位高低的方法，调节池水温度和水质，构建小龙虾适宜的生长环境，一般遵循"低 - 高 - 低 - 高"波浪形水位调节原则。9～12月，将稻田田面水位控制在20cm左右，使稻蔸大部分露出水面，可促进稻蔸再生，避免秸秆全部淹没腐烂使稻田水质过肥，从而影响小龙虾的生长。翌年1月～2月，小龙虾越冬期间，将水位提高至40～50cm，防止水位太浅，冻伤小龙虾苗种。越冬以后，随着3月份气温回升，降低水位至30cm左右，促进水温提高，饵料生物繁育生长，在水质清瘦时，可适当施肥，以防青苔发生。4月中旬以后，稻田水温逐渐升高，稳定在16℃以上时，将水位再提高至50～60cm，使田内水温稳定，以利于小龙虾的生长，避免小龙虾提早硬壳老化。

11. 病害防治

（1）白斑综合征 病原与病症是由白斑综合征毒素（WSSV）引起的病毒感染，感染后的小龙虾主要表现为：活力低下、附肢无力、应急能力较弱、体色较暗、部分头胸甲等处有黄色斑点，剖检后可见到胃肠总是空的，一些病虾有黑鳃症状，部分病虾肌肉发红或呈白浊样，该病发病时间为4～7月。

防治方法：①放养健康、优质的种苗，做好种苗的检疫和消毒，可以从源头上切断WSSV的传播链；②控制好放养的密度；③及时投喂精饲料，提高虾的抗病能力，预防病害发生；④改善栖息环境，加强对水质的管理；⑤处理已死亡的病虾，将其捞出淹埋，避免病毒的进一步扩散。

（2）**黑鳃病** 在持续阴雨或强暴雨后，由于池塘水深、易混浊，水体污染、光照不足、霉菌感染等原因，一些小龙虾鳃部由起初的红色变为褐色，直至完全变黑，病鳃逐渐失去滤水给氧功能，慢慢地就萎缩了。

防治方法：保持饲养水体清洁，溶氧充足，水体定期泼撒一定浓度的生石灰进行水质调节。用漂白粉 $2g/m^3$ 全池泼撒，或每立方米水体用臭氧复合制剂 0.6g 全池泼撒，施药 2 次，1 天 1 次。隔 2d 后用解毒药品解毒后，用光合细菌 $5g/m^3$ 全池泼撒；把病虾放在每立方水含 3%～5% 食盐的水体中浸洗 2～3 次，每次 3～5min。

（3）**烂鳃病（瘟疫病）** 病虾的鳃由白色变为褐色，直到完全变成黑色，虾活动无力，经常浮出水面，不吃食。

防治方法：保持饲养水体清新，并维持正常的水色和透明度是防治虾瘟疫病的有效方法。经常清除虾池中的残饵、污物，注入新水，保持良好的水体环境，保持养殖环境的卫生安全。保持水体中溶氧量在 4mg/L 以上，避免水质被污染。用 $2g/m^3$ 的漂白粉或 $0.2mg/m^3$ 聚维酮碘全池泼撒，可以起到较好的治疗效果。

（4）**软壳病** 病虾外壳较软，两螯足举而不坚，体色暗淡，行动迟缓，食欲差，生长缓慢，避害能力弱。其主要原因是长期阴雨，池内缺少光照，水体长期偏酸性，有的池底淤泥过多，放养密度过大和饲料养分不均等。

防治方法：每亩用生石灰 5kg，全池泼洒，饲料投喂"荤素搭配"均衡，在饲料中添加维生素 C、多维、生物制剂等。

（5）**纤毛虫病** 病虾体表有许多绒毛状的附着物，烦躁不安，食欲减退，一般在池边缓慢移动。彻底清塘，杀灭池中的病原，对该病有一定的预防作用。用 3%～5% 的食盐水浸泡，3～5d 为一个疗程。用 $0.7g/m^3$ 硫酸铜、硫酸亚铁合剂按 5：2 全池泼洒。经常换新水，保持水质清新。

12. 成虾适时捕捞

在一次放足虾苗后，经过近 2 个月的饲养，大部分克氏原螯虾能够达到商品规格。长期捕捞、捕大留小是降低成本、增加产量的一项重要措施。将达到商品规格的克氏原螯虾捕捞上市出售，未达到规格的继续留在稻田内养殖，降低稻田中虾的密度，促进小规格的螯虾快速生长。起捕时间自 4 月开始，5 月底或 6 月 20 日结束。一般采用虾笼进行诱捕，回捕率可达 80% 以上。开始捕捞时，不需排水，直接将虾笼放于稻田及虾沟内。当捕获量渐少时，降水刺激或移动地笼，如果还是不多时，再排干田面水，迫使小龙虾集中于虾沟，此时集中在虾沟放地笼，直至捕不到商品虾为止。捕捞工作应于 6 月 20 日前结束。未达上市规格的小龙虾，也可以留在虾沟中，作稻虾共作模式的苗种使用。

（孙浪，冷奏凯，孟应德）

第十四节
稻—鱼高产高效套养模式

一、典型案例

赫山区北坪湖东岔渔场（图1）位于兰溪镇四门闸村，是赫山区稻鱼综合种养的生产示范基地，稻渔种养面积280亩，基地负责人刘华，以稻鱼轮养的种养方式取得了良好的经济效益和社会效益。亩产鱼种（图2）650kg，亩产值0.9万元，亩利润0.6万元，亩产稻谷550kg左右，亩产值0.13万元，亩利润0.08万元。鱼总产量18200kg，总产值252万元，稻谷总产量154000kg，总产值36.4万元，稻鱼综合总产值290万元，总利润190万元，亩利润6800元左右。

图1　渔场基地照

图2　渔场鱼种产品

二、技术要点

1. 稻田养鱼的意义

稻田养鱼是利用稻鱼共生原理，把水稻种植和鱼类养殖在稻田水域空间中紧密地结合起来，最后达到稻鱼双丰收的生产方式。

在稻田的生态环境中，鱼通过取食水中的浮游动植物、底栖动植物、有机碎屑、杂草及一部分害虫等，把在传统耕作中注定要被流失、遗弃而浪费的能量物质，转化成排泄物，在鱼产量增加的同时，使稻田土壤肥力增加，土壤结构改善，从而使稻谷产量提高（图3）。

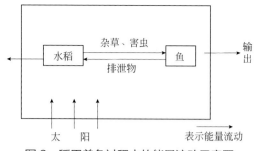

图3 稻田养鱼过程中的能量流动示意图

稻田养鱼通过合理安排与调整稻田的平面与主体布局，实现了农业生产活动与生态环境协调发展，实现了农业生产系统与农业环境系统之间物质与能量的循环与协调，达到了生态效益与经济效益、社会效益的兼容与统一。另外，由于养鱼的稻田少施化肥和农药，对保持地力和提高农产品质量有积极意义。可以说稻田养鱼是生态农业建设的好方式，是农业可持续发展的好典型。

2.稻田养鱼的模式

稻田养鱼的模式有稻鱼混养和稻鱼轮养，稻鱼混养分为单季稻田养鱼、双季稻田养鱼、秧田养鱼和冬闲田养鱼。在赫山区主要是稻鱼轮养和冬闲田养鱼，早稻收割后，用生石灰清田后就可放水养鱼，进入池塘养殖模式，直到次年水稻栽插前进行捕捞。这种方法简单易学，便于操作。下面主要介绍稻鱼轮养与共生。

（1）稻田养殖的条件

① 水源充足　稻田水源要充足，排灌方便、蓄水力强，雨季不受满溢威胁，旱季水源有保障。

② 土质肥沃　稻田土质肥沃有利于稻田内天然饵料繁殖生长，而且保水能力强，田底、田埂不渗漏，能控制稻田内水位适当，保证稻鱼正常生长。另外水稻要选种耐大肥、茎粗壮、抗倒伏的杂交品种。

（2）养鱼稻田的设施

① 加高加固田埂　加高加固田埂的目的在于灌水后提高水位和防止鱼外逃，田埂一般以加高0.5～1.0m、加宽0.5～2.0m为宜，视稻田原有地势和饲养成鱼或培育鱼种作适当调整。田埂坚固牢实，做到不裂不漏不垮，防止大雨冲塌和黄鳝、水蛇、田鼠打洞，影响田埂的牢固度。

② 开挖鱼沟、鱼溜或池塘一角（一边）　根据稻田的大小和形状，在稻田的周边或稻田的一边留出夏花培育面积，做好池干，其余地方用作稻谷栽培。

3.稻田养鱼放养技术

（1）放养前的准备工作　放养前整理稻田池埂，对池埂及环沟、鱼溜进行清塘消毒，用生石灰100～150kg/亩，杀灭水中敌害生物等。放鱼苗前2～3d对水体解毒、培水，培育鱼苗的适口饵料，放苗前 2 ～ 3h 开启增氧机并泼洒抗应激的药品，再放入水花苗。

（2）**放养品种**　主要培育四大家鱼的夏花鱼种和春片苗种。

（3）**放养技术**　放养经检疫合格的四大家鱼水花，每亩放养密度为 3 万～ 5 万尾，具体视鱼塘的肥瘦程度、管理水平、池塘条件或池塘需要多少苗种而定。放养时温差宜控制在 2℃以内，避免鱼苗下塘感冒死亡。鱼苗下塘后，以水中的浮游生物为食，因此必须保持池水一定的肥度，提供足够的浮游生物。若浮游生物量少、饵料不够时，鱼苗会沿塘边游走，此时需捞取浮游生物来投喂或搭配粉料投喂，弥补天然饵料的不足。

待鱼苗体长至 1.5 ～ 2cm 时，开始转入驯化阶段，以后逐渐过渡到配合饲料。为确保鱼苗饵料生物供应，鱼苗下塘后每隔 3d 亩用黄豆浆 2 ～ 3kg 或生物制剂培育微生物，尽量维持饵料生物数量和时间。适时加换新水，扩大水体空间，每隔 5d 左右施用微生物制剂调节水质。晴天中午开启增氧机 2 ～ 4h，避免鱼苗出现气泡病死亡。

4. 稻田养鱼的田间管理

田间管理工作是稻田养鱼成功的关键，有收无收在于养，收多收少在于管。田间管理工作有施肥、投饵、用药，稻田用药时不能让农药水流入夏花培育池，保持一定水位，防逃、防敌害等。

（1）**日常管理**　每天要巡视，早晚要"三看"，即看天、看水、看鱼，雨季要预防洪水浸埂或冲垮拦鱼设备，防止鱼逃逸。注意保持一定的水位，观察鱼群活动情况，发现伤、病鱼，应立即采取防病、治病措施。清除稻田周围杂草，防止敌害生物如鸟类、蛇等危害养殖鱼，提高成活率。

（2）**投饵**　饵料种类主要以配合饲料为主，投喂量占鱼体重的 5% ～ 8%，投喂要定时、定点、定质、定量。投饵时间为上午 9 ～ 10 时，12 时～下午 2 时，下午 4 ～ 5 时，少量多餐，饲料以 2h 能吃完为宜，青饲料则以当天吃完为适度。投喂量视摄食情况、天气情况和水温情况来决定，做到吃多少投多少。天气闷热，水中溶氧量低，鱼群食欲不振时应少投或不投，残饵腐败快，容易引起坏水，鱼群浮头时停投。在投喂过程中，除上述原因少喂或停喂外，不得中断，否则会造成饲料浪费，即所谓的"一天不喂，三天白吃"。

（3）**水稻水浆管理**　自秧苗移栽后，先是浅水 5cm 保分蘖，一个月后深水 10cm控苗（水稻分蘖高峰期，灌深水控制无效分蘖），再深水保穗（中期水稻拔节孕穗期耗水量为最大），最后浅水壮籽（中后期水稻扬花灌浆后），田面维持水深 5cm 左右。

（4）**防病**　稻鱼工程鱼种放养密度大，投饵施肥量大，水质容易污染，在日常管理中除经常换新水调节水质外，还要注意观察鱼的活动情况，发现鱼病及时防治。

（5）**防逃**　平时要经常巡视检查田埂，特别是大雨天要及时排水，以免水溢鱼苗外逃，并要经常消除拦鱼设施上的附着物，以免阻塞，影响排水。同时，要防止田埂倒塌，如有发现及时修理。

（6）**防止敌害和防盗**　要及时诱捕水蛇、毒杀田鼠，防范白鹭吃鱼。

5. 常见病防治

（1）**寄生虫病**　寄生虫主要有车轮虫、斜管虫、鱼鲺，多发生在中间培育阶段鱼的体表和鳃丝。症状为鱼体消瘦，体色变黑，口端糜烂，一年四季均有发病。可以采用专用杀虫剂杀灭上述寄生虫。也可用硫酸铜0.25kg/亩及硫酸亚铁0.1kg/亩合剂（5∶2）全塘均匀泼洒。

鱼鲺寄生于鱼的鳃部、皮肤和鳍条，使鳃丝上皮增生变形，炎性水肿，体表损伤，引起继发性细菌感染而死亡。治疗方法：全塘泼洒专用杀虫剂，按用法用量全池泼洒，杀虫后第二天用戊二醛+苯扎溴铵溶液消毒，避免感染造成并发症。

（2）**烂鳃病**　细菌引起的烂鳃，鱼表面光滑，也没虫，打开鳃盖，里面有泥，鳃盖骨上有肉眼可见的椭圆形或圆形红斑。治疗方法：第一天，浓戊二醛溶液250mL+聚维酮碘溶液250mL，可用于3亩水体清毒。第二天，每亩用菌毒速消250g消毒水体。第三天，再用一次碘制剂。寄生虫引起的烂鳃，如指环虫、小瓜虫等，建议用杀虫剂驱虫，然后用消毒剂处理。鳃霉引起的烂鳃，如果轻微的可以不处理，如果严重一定要处理，因为会分泌黏液，使鱼呼吸不畅导致死亡。可用碘制剂+水霉净或霉平（水杨酸成分）处理。营养性烂鳃，表现为鳃死红，一块一块的分叉。建议降低蛋白，辅助自然回复。药害引起的烂鳃，鳃丝发白。建议用有机酸药物消除毒性，让其慢慢恢复体质。减少投喂量，用有机酸解毒调水。水质恶化引起的烂鳃，亚硝酸盐、氨氮超标。首先用调水产品调节水质，再用内服药物（氯苯尼考等）拌饲料投喂一周左右，再用二氧化氯等消毒产品对水体进行消毒处理。

（3）**出血病**　7～9月常见，常见的是叉尾鲴、草鱼、鲫鱼、鳊鱼出血以及水库或池塘养殖的花白鲢败血症等。鱼口腔充血，肠道充血，头部，包括鳃、眼睛都充血。外用杀菌，内服消炎，水调好，基本就可以缓解。

（4）**赤皮病、溃疡病**　病鱼鳍基部充血，红肿、脱鳞，表皮腐烂，肌肉外露。此病多发生在高温季节，预防可大量更换新水，定期施放生石灰2.5～5kg/亩，冬季干塘暴晒。治疗可用漂白粉1kg/亩，全塘泼撒，高浓度碘、氯制剂按用法用量全池泼洒。

（5）**肠炎病**　病鱼食欲低，腹部膨胀，肛门红肿，轻压有黄色黏液流出，全年均可发生。治疗时先减料（最好能停喂一餐），用广谱抗菌药（如恩诺沙星、氟苯尼考等）加胆汁酸拌饵投喂3～5d，一般可痊愈。

（冷奏凯，孙浪，陈见春）

第十五节
稻—鸭共作模式

一、典型案例

稻鸭共作，是指在水稻栽后活棵至抽穗阶段，将一定数量的野性强的脱温雏鸭放养在水稻田，在不施化学农药的情况下，利用稻田为鸭的生长提供食物、水域、遮阴等生活条件，鸭为水稻生长除草、灭虫、施肥、松土等的一种种养结合、降本增效的生态农业生产模式。在稻鸭共作时，通过采取生态控制、生物防治、物理防治和科学用药等环境友好型技术措施控制水稻病虫害，以减少化学农药的使用，可确保水稻生产、稻米质量和农业生态环境安全。

益阳市万亩粮仓农业发展有限公司，负责人陈艳飞（图1），在欧江岔镇八甲岭村共有流转土地1500多亩用于种植双季稻，从湖南省农业科学院引进稻鸭共生技术。把鸭子放到田里，可以中耕浑水（图2），促进水稻生长，物理防草、除虫。田里的杂草，土壤里的微生物，泥鳅、小鱼，稻谷上的虫子，都是鸭子们的美食，鸭子也实现了自然采食。

图1 公司负责人陈艳飞在查看水稻田长势情况　图2 鸭子在田间可中耕浑水

该模式下的水稻亩产量较传统农药化肥培育出来的要稍低，每亩产量400～450kg，但是利润较高，目前公司培育了玉针香、华润、浓香42、丝苗、黄华占5个产品，价格根据稻鸭米（图3）品质的不同，每千克从10元到24元不等，销售情况较好。此外，每亩还可产肉鸭50～65kg。目前，公司通过对每个田块的肥瘦情况、所需有机肥的数量、投放鸭子科学比例的系统研究，总结出了一套成熟的技术。现简要介绍如下。

图3　公司生产的优质稻鸭米

二、技术要点

1. 鸭品种及来源

应选择适应性广、耐粗饲、抗逆性强的中、小型杂交鸭或地方品种（图4）。如江南一号水鸭、湖南攸县麻鸭、江西大余鸭、福建金定鸭、四川麻鸭、滨湖鸭等。雏鸭要求体型小、适应性广、抗逆性强、生活力强、田间活动时间长、活动量大、嗜食野生生物、毛色整齐、叫声响亮、脐部吸收良好。

图4　选用本地优良雏鸭品种

2. 鸭的饲养管理

（1）育雏期管理　鸭子的孵化期为28d左右，再加上10～15日龄的育雏期即为鸭蛋入孵期。再根据水稻的插秧日期，向前倒推38～43d确定为种蛋入孵期。雏鸭（0～10日龄）宜采用集中网上育雏。建议小规模养殖户到专业鸭场购买脱温鸭苗。

① 育雏温度控制　育雏期1～2日龄，室温保持在28～30℃，3日龄26～28℃，以后每天下降1～2℃，直至达到外界温度。育雏过程中应注意观察鸭群健康情况，如采食状况和粪便颜色，若遇天气变化，可在饮水中添加维生素以减小应激。

② 饮水　雏鸭出壳后24h内应给予清洁饮水，可采用5%葡萄糖或电解多维温水。育雏期间不能中断供水。

③ 喂料　雏鸭饮水1～2h后开始喂料，开食料选用破碎料，2～3d后饲喂全价

雏鸭配合饲料，每只 500g 加少量米饭。

④ 免疫　按免疫程序接种疫苗，1 日龄，颈部皮下注射病毒性肝炎抗体 1mL；7 日龄，颈部皮下注射浆膜炎疫苗 0.5mL；9 日龄，颈部皮下注射禽流感疫苗 0.5mL。

（2）适时放养

① 试水　育雏 5d 后，选择晴天的中午，根据鸭群数量将雏鸭放（赶）入水盆或浅水沟，让其在水中自由活动，首次下水时间不宜超过 10min。雏鸭湿毛后即将其从水中赶起至保温灯或太阳下，待其羽毛完全干后再放（赶）入水中。开始时每天 1～2 次，逐渐增加到 3～4 次，直至雏鸭羽毛具备防水功能。

② 放鸭下田　秧苗移栽后 5～7d（中、晚稻 4～5d 即可），雏鸭 10～15 日龄时，将经过适水训练的雏鸭放入已围网的稻田中，每亩按 10～15 只投放，采用零放养技术，即鸭苗出炕后在当日必须放养到稻田间，放鸭时间最好选择在晴天上午 10 时～下午 4 时之间。雏鸭下田前 3d 可在饮水中添加复合多维以减小应激。稻秧定根以后才可放鸭下田，注意水稻秧龄和鸭龄的匹配。

3. 放养期管理

（1）加强调教　建立良好的人鸭关系，稻田鸭补饲要做到定人、定时，并在补饲时给出叫声、吹哨、敲锣等特定声音，让鸭形成条件反射，主动配合养鸭人。

（2）合理补饲　刚放下稻田的雏鸭，每天分早、晚补饲 2 次全价雏鸭料，20d 以后，逐渐减少雏鸭料，更换为肉鸭料或饲喂浸泡过的小麦、玉米、适量酒糟、青饲料等混合的饲料，补饲次数减少至下午一次，补饲量以鸭群吃饱不剩为原则。饲料应无发霉、变质、结块、异味、异臭。

在禾苗返青并开始分蘖后，可在稻田每亩放红萍或绿萍 150kg 左右，形成稻、鸭、萍的自然生态体系，每隔 5～6d 施磷肥一次，每次施 4～6kg，连续 2～3 次，促进红萍、绿萍迅速生长，为鸭子提供充足饲料。

（3）加强巡查　防止鸭群遭受黄鼠狼、猫、蛇、犬等的伤害。

（4）鸭病防治　宜在各地兽医部门指导下进行。

4. 稻田的准备

（1）稻田选择　秧田需施足底肥。大田耕翻前每亩施生石灰 50～100kg 土壤消毒和改良。移栽前结合翻耕整土，每亩施充分腐熟的农家肥 1500kg（或精制有机肥 150kg）（图 5）、三元复合肥（45%）20～25kg 作基肥。

（2）围网搭棚　稻田按 2～3 亩用尼龙网围成一片，每隔 1.5～2m 设置一根竹桩，高 120～150cm，围网高 80～100cm，网上下边用尼龙绳作纲绳，以便网与竹竿连接固定。

在田边或田埂的一角搭一简易遮阳棚（按每平方米 10～12 只搭建），作为鸭群休息、补饲、遮风挡雨和防晒的场所（图 6）。鸭舍用木棍作支撑，周围稍做围挡（要通风透气），舍顶用稻草或编织袋等遮盖，避免日晒夜露。遮阳棚边建投料台或放置饲喂槽。

图5 施有机肥

图6 鸭舍

（3）饮水区准备　在稻田进水口设置一深沟或小水塘，为鸭群提供充足的饮水。

5. 水稻品种选用

选择品质达优质米三级以上标准的高产、优质、多抗、株型紧凑的水稻品种。如早稻选用湘早籼45号、中嘉早17、株两优819、陵两优268等；晚稻选用湘晚籼12号、丰源优299等；中稻选用黄华占、深两优5814等。

6. 培育壮秧

（1）种子处理　浸种前选晴天晒种1～2d，然后用石灰水或3%中生菌素可湿性粉剂300倍液浸种消毒，催芽至露白播种。早稻3月中下旬播种，中稻及一季稻4月上旬至6月初播种，晚稻6月15日前后播种。

（2）秧田管理　播后秧田坚持湿润灌溉，厢沟内晴天保持满沟水，阴天半沟水，雨天排干水，暴雨前上薄层水。早晚稻在移栽前3～5d，每亩用2%春雷霉素水剂100g兑水60kg喷雾防治。晚稻在稻蓟马为害严重时，每亩用0.36%苦参碱水剂70g兑水50kg喷雾防治。

7. 稻田管理

（1）移栽密度　早稻每亩抛（移）栽2万～2.2万蔸，常规稻基本苗12万～13万蔸，杂交稻基本苗8万～10万蔸。中晚稻每亩抛（移）栽1.6万～2万蔸，常规稻基本苗10万～11万蔸，杂交稻基本苗7万～9万蔸。

（2）管水　水稻抛（移）栽返青后，长期保持1～2cm的水层一直到乳熟期，收鸭后则实行干湿壮籽。不要晒田、露田，田间不能缺水。

（3）施肥　稻鸭共作生产过程中，原则上不施用化学肥料，在移栽前一次性施足腐熟长效有机肥、复合肥作基肥，追肥以鸭子排泄物、绿萍腐烂物作为后期有机肥。但在地力不足时，在水稻拔节期，每亩可追施商品有机肥200kg或饼肥60～80kg。

8. 病虫害防治

（1）秧田病虫害防治

① 诱杀螟虫　分别在水稻螟虫（二化螟、三化螟、大螟）越冬代成虫羽化前5～7d

（水稻育秧后揭膜前），田间平均每亩设置 1 套性诱器诱杀螟蛾。

② 移栽前 7 ～ 10d 用植物免疫诱抗剂处理，提高水稻抗逆和抗病虫害能力。

③ 带药移栽　水稻移栽前 3 ～ 5d 选用生物药剂对秧田喷雾，预防本田叶瘟，防治稻水象甲、水稻螟虫。

（2）本田病虫害防治

① 性诱剂诱杀　分别在水稻螟虫（二化螟、三化螟、大螟）、稻纵卷叶螟等害虫各代成虫羽化前 5 ～ 7d，田间平均每亩设置 1 套性诱器诱杀螟蛾。

② 灯光诱杀　每 30 亩安装一只频振式杀虫灯或太阳能杀虫灯诱杀趋光性害虫。从二化螟成虫始见开始开灯，至当年水稻生育期二化螟成虫终见止关灯。

③ 生物农药防治　肉鸭在田时，利用鸭的活动进行生物防治。肉鸭离田后，视水稻病虫害发生情况，早稻在 5 月中旬，晚稻在 8 月中旬，每亩用 2000IU/mg 苏云金杆菌可湿性粉剂 500 ～ 750g+20% 井冈霉素可溶性粉剂 50g 兑水 50kg 喷雾；在早稻 6 月上旬、晚稻 9 月上旬的早晚稻破口抽穗期，每亩用 0.36% 苦参碱水剂 70g+2% 春雷霉素水剂 100g+20% 井冈霉素可溶性粉剂 50g 兑水 60kg 喷雾。

9. 收获

（1）鸭子离田和出栏　水稻孕穗期至始穗期，将鸭从稻田中收回。在鸭群上市前 1 ～ 2 周，可适当补饲全价饲料或能量水平较高的饲料对鸭群集中育肥。装运前 6 ～ 8d 停止喂料，1 ～ 2h 停止供水，运输途中防止挤压和碰伤。

（2）水稻收获　收鸭后的水稻，应立即清沟、排水，并采取干湿交替的灌溉方法，养好老稻，当籽粒黄熟时及时收获，晾晒去湿，脱粒除杂。遇到阴雨年份，采用低温干燥机缓慢风干，稻谷含水量 ≤ 14% 进仓贮藏。

（何永梅，李军辉，郭赛）

第二章

经济作物种植技术规范

第一节
千家洲湖藕及其绿色生产技术规范

一、典型案例

益阳市赫山区兰溪镇的千家洲村远离市区，无工业污染，湖塘成片。留有"1000家洲、36湖、72港，湖湖相连，港港相通"之说。湖港到处种植有湖藕（图1）、菱角、茭白等水生蔬菜。

千家洲湖藕（图2、图3）富含淀粉、蛋白质、维生素等成分，鲜美爽口，驰名中外，被誉为"水中之宝"。

图1 千家洲湖藕基地

图2 千家洲湖藕整藕

图3 炖熟的千家洲湖藕清香、粉嫩

千家洲湖藕以独特的风味、一流的品质赢得国内外消费者的广泛青睐，产品目前已远销国外，每年销售量达200多吨，产值达140万元以上，有力地推动了农民增产增收和乡村振兴。

益阳阡陌惠农产品开发有限公司是一家从事特色农产品开发与种植的现代生态农业企业，负责人为冷超群（图4）。公司致力于千家洲湖藕、野生菱角的培植、销售与保护，现有千家洲湖藕培植面积480余亩，采用"公司+农户"形式，产业规模达到1200多亩，野生菱角培植种植面积100多亩。

2017年"千家洲湖藕"取得商标注册证（图5），公司同时以"阡陌惠"为商标申请了野生菱角、茭瓜、荸荠的国家商标注册，以"香亿满"为商标注册了益阳特色小吃"藕丸子"。2020年，公司种植千家洲湖藕480亩，产量96万斤，产值576万元，利润192万元。

图4　冷超群的湖藕基地　　　　　　图5　"千家洲湖藕"包装

二、技术要点

1. 品种特点

千家洲湖藕，又称"千家洲野生藕""千家洲野藕""湖藕""湖藕子"，为原千家洲乡地方品种。晚熟种，荷叶大，色浓绿，荷梗高而粗，梗上密生大刺且上勾，叶面粗糙，叶脉粗大，花瓣红色。主藕4～5节，标准的湖藕为4节，重约1.5kg，整支藕长1.2～1.5m，藕头长度15～20cm，直径1.5～2.0cm，第二节长25～30cm，直径2～2.5cm，第三节长32～38cm，直径2～3cm，第四节长40～60cm，直径1～1.2cm；5节以上的藕，单支重2～2.5kg，第一、二、三节大体规格相同，第四节长40～50cm，直径0.8～1.2cm，单支整藕长1.6～1.8m。支藕有2～4节不等。藕有9孔（当地人认为比菜藕多一个孔），藕身修长，自带凹槽，呈扁圆形。藕皮黄白色，表皮纤薄，不易生锈斑，肉米白色。一般亩产1000～1200kg。耐深水，抗风性较强，适作深水藕种植。

2. 整地施肥

（1）土壤准备　要求湖荡、塘、河湾水流平缓或基本静止，涨落平稳，夏季汛期水位不超过 1.2m，水下淤泥或腐殖土层厚在 20 ～ 25cm 以上，土质肥沃。定植 20d 之前整地，清除杂草，耙平泥面，修筑好湖（塘）埂。头年种过藕的老藕湖（塘），挖藕时一般难以清理干净，遗留的种藕足够，不需重新栽植，但应注意在出苗前整修好田埂，把挖藕时堆得过高的泥堆稍微平整，把距田埂 2.0 ～ 3.0m 以内的残藕挖净，清除田中残留的老藕叶、梗等。

（2）施足基肥　新藕田应在最后一次耕翻前施足基肥，每亩施充分腐熟的人畜粪肥 2500 ～ 3000kg，或腐熟鸡鸭粪肥 2000 ～ 2500kg，或腐熟厩肥 2000 ～ 2500kg 加腐熟人粪尿 1500 ～ 2000kg，或商品有机肥 250 ～ 300kg。再加磷酸二铵 50 ～ 60kg、三元复合肥（16-16-16）40 ～ 50kg。若进行 AA 级绿色湖藕生产，建议在施用充分腐熟农家肥的基础上，每亩再加腐熟饼肥 50 ～ 75kg、钙镁磷肥 30 ～ 45kg、硫酸钾 10 ～ 15kg。第一年种植湖藕，在整地前每亩宜施石灰 50 ～ 100kg。

3. 及时栽植

（1）种藕选择　一般栽植由上年无性繁殖长成的整藕，也可选用主藕、子藕等，也可在大田浅水栽培集中管理。专门培植种藕，容易采挖，移植深水湖（塘）不影响种性。

种藕要求具千家洲湖藕品种特征，具有较高的纯度（最好进行提纯复壮）。用整藕、主藕作种，应有 3 节或以上完整藕身，整藕应带有子藕。用子藕作种，要求有 2 节或以上完整的藕身。将种藕留在原田内过冬，随挖、随选、随栽，不宜久放。

种藕消毒，可用 25% 多菌灵可湿性粉剂 400 倍液浸泡种藕 10min 后移栽。也可用 75% 百菌清可湿性粉剂 +50% 多菌灵可湿性粉剂（或 70% 甲基硫菌灵可湿性粉剂）800 倍液（1∶1）喷雾加闷种，覆盖塑料膜密封 24h，晾干后种植，可预防腐败病等病害。

（2）栽植时间　一般在春季气温上升到 15℃以上，10cm 深处地温达 12℃以上时即可开始栽植，在湖南一般适宜栽植时间为 4 月上中旬。

（3）栽植密度　最好采用整藕（包括 1 支主藕、2 支及以上子藕）栽植，一般行距 2.0 ～ 2.5m，穴距 1.5 ～ 2.0m，每穴排放整藕 1 支。也可选用子藕栽植，每穴用子藕 3 ～ 4 支。每亩用种 200 ～ 250kg。

（4）栽植方法　栽植时，田间保持 3 ～ 5cm 浅水，并按预定行株距及藕鞭走向，将种藕分布在泥面上。边行离田埂 2.0 ～ 2.5m，栽 10 ～ 13cm 深，黏重土壤偏浅，松软土壤偏深。按种藕的形状用手扒沟栽入，并以不漂浮或动摇为宜。一般采取头下尾上的斜植方式（切忌插反），与地平面成 20°～ 25°，当土壤比较黏重或坚实时，也可平栽。

栽植时要求四周边行的藕头一律朝向藕田或藕塘内，田间各行种藕位置应相互错开，藕头对着空中排放。中心两行种藕间距离应适当加大。

4. 田间管理

（1）追肥管理 一般追肥 2～3 次。第一次追肥可在植株开始抽生立叶时进行，每亩施充分腐熟的人粪尿或厩肥 1000～1500kg，或商品有机肥 100～150kg，或尿素 10～15kg；第二次追肥一般在第一次追肥 1 个月后，一般在荷叶封行前进行，每亩施充分腐熟有机或人畜粪尿 1500kg，或商品有机肥 150kg，或硫酸铵 25kg；第三次在终止叶出现时，每亩施充分腐熟的人粪尿 1500～2000kg，或商品有机肥 150～200kg，或尿素 15～20kg，外加过磷酸钙 15～20kg。缺钾土壤还应补施硫酸钾 15～20kg，全田撒施。若植株长势较旺盛，则第三次追肥可以不进行。

用腐熟有机肥作追肥时，可将肥团塞入水下泥中。用无机（矿质）肥作追肥时，可与河泥混合做成肥泥团塞入水下泥中。

（2）水位管理 深水湖藕的水位调控，应按照前期浅、中期深、后期浅的原则进行。栽种初期，田中水位 3～5cm，最深不超过 10cm；浮叶出现后保持 6～7cm，2～3 片立叶时升至 10cm；以后逐渐加深至 20～30cm，最深不可超过 80cm。后把叶出现后，应在 2～3d 内逐渐落浅水位至 10～30cm。枯荷藕留地越冬时，水深不宜浅于 3cm。

生长期间注意防涝，避免田水淹没立叶，当地俗称"吊窝"，导致减产或绝收。汛期及时排水。并注意防强风，强风来时，可适当加深水位。

（3）除草管理

① 人工除草 定植前，应结合耕翻整地清除杂草。从出现浮叶开始，到荷叶封行前要除草 2～3 次。除草时可把浮叶、黄叶、枯叶摘下塞入泥中，但在植株封行之前，不要过早地把浮叶除去。

② 化学除草 在栽藕后 7～10d，每亩用 50% 扑草净可湿性粉剂 40～50g，兑水 30～50kg 喷雾，或与 20kg 细土拌匀后撒施，施药后，田间水深 3～5cm，在保水 5～7d 后，转入正常管理。或用 18% 苄·乙·甲可湿性粉剂 40g，栽藕后拌土 20kg，撒施保浅水 10cm 以内，不可太深，否则防效下降，不可对藕喷雾。或在禾本科杂草 3～5 片叶、株高 5～15cm 时，每亩用 35% 吡氟禾草灵乳油或 15% 精吡氟禾草灵乳油 40mL，兑水 40～50kg，充分搅匀后，于露水干时喷雾于杂草叶面。或于莲藕立叶高出水面 30cm 时，用 50% 哌草磷－戊草净合剂（威罗生）乳油 100mL，拌 5kg 细土，撒施。

（4）转藕头 从植株抽生立叶、分枝开始到开始结藕以前，当发现嫩叶长在水边时，表现藕头已到边缘，应将幼嫩的藕鞭和藕头及时转向塘内或田内生长，并用泥压好。生长初期每 5～7d 进行 1 次，生长盛期每 3～5d 进行 1 次。若田中所发植株疏密不均，可将过密的藕头拨转到稀疏的地方。

（5）摘老叶、折花梗 当立叶布满田面时，浮叶逐渐枯萎，应及时摘除浮叶。若有的立叶因病虫害或其他原因导致发黄或枯萎时，也应予以摘除。虽然千家洲湖藕开大量的花，也可结子莲，但因食味较为苦涩，味道欠佳，一般不上市，应将花蕾摘除，摘除时注意将花梗折曲，不可折断，以防雨水浸入，造成烂藕或影响藕的商品性。

（6）**病虫害防治**　加强农业防治、物理防治和生物防治，如栽植无病种藕，清洁田园，加强除草，减少病虫源；每亩施用茶枯饼 40 ～ 50kg 可防治稻根叶甲。人工摘除斜纹夜蛾卵块或于幼虫未分散前集中捕杀，用杀虫灯（黑光灯或频振式杀虫灯）或糖醋液诱杀成虫；田间设置黄板诱杀有翅蚜；人工捕杀克氏原螯虾和福寿螺。田间放养黄鳝和泥鳅防治稻根叶甲；每亩用苏云金杆菌（*Bt*）可湿性粉剂 50 ～ 75g 兑水 55kg 喷雾，可防治斜纹夜蛾等。

化学防治，注意腐败病、棒孢褐斑病、蚜虫、斜纹夜蛾、福寿螺的及时防控。

5. 采收及贮藏

一般在 10 月，叶片（荷叶）开始枯黄时采收老熟枯荷藕。千家洲湖藕一般采用就园贮存，随采挖随上市，可分期采收至翌年 4 月。

（王迪轩，李绪孟，徐军辉）

第二节
藤蕹大棚高产高效栽培经验

一、典型案例

湖南竹泉农牧有限公司是一家以"可持续农业"为生产方式的现代化立体生态种、养、加农业企业，基地位于益阳市赫山区泉交河镇菱角岔村，公司负责人蒋秧清系全国"种粮大户"、湖南省"十佳致富能人"、湖南省"劳动模范"、益阳市"十大杰出青年"（图1）。基地以蔬菜、稻谷、苗木、淡水鱼、生猪、土鸡等种植养殖、蔬菜和肉制品加工及有机肥料生产销售为主。其中设施蔬菜种植面积600亩，包括120个钢架大棚及528亩喷、滴灌等生产设施，全年可生产叶类蔬菜3200t、瓜果类蔬菜1200t。常年种植的品种有菜心、芥蓝、紫背天葵、藤蕹（图2）、菜薹、甘蓝、西兰花、辣椒、茄子、豇豆、丝瓜、黄瓜等，蔬菜种植所用的肥料及药物全部采用有机肥料、沼液和生物农药，同时辅以太阳能杀虫灯和蓝黄板控制虫害，保证产品绿色健康。所生产的蔬菜已获得国家绿色食品认证，已注册"蕾禾"商标，并已建立沿海省份销售渠道，产品销往福建、广东等沿海地带。

藤蕹是以茎蔓（种藤）无性繁殖后生长的蕹菜。据蒋秧清介绍，藤蕹大棚生产，采收及田间管理成本1.4元/kg，运到冷藏室成本0.6元/kg，其他生产资料（包括土地流转成本700元/亩）合1.0元/kg左右，员工生活开支0.2元/kg，固定资产投入大概0.4元/kg，合计平均成本3.6元/kg。藤蕹常年销售均价在5.2元/kg左右；年采6～8茬，

图1 蒋秧清的大棚藤蕹

图2 藤蕹

管理跟得上，4月中旬可以采头菜，批发价高达16～20元/kg。藤蕹也可只采6茬，赶在9月底结束，定植或移栽1茬苔菜。

二、技术要点

1. 品种选择

湘北地区选用品种为湖南藤蕹或海南藤蕹。湖南藤蕹，茎节上易生不定根，适于扦插繁殖。节间短中空，茎秆粗壮，侧枝萌发力强，质地柔嫩，生长期长，连续采收。子叶对生，马蹄形，真叶互生，长卵形。

2. 大棚整地

大棚秋茬蔬菜收获后，在初冬时节建议不再种植其他作物，要让土壤适当休耕，将棚内杂草和前茬作物残株清除干净后，选择地势高燥、排灌两便的地块建棚，以黏重、保水保肥力强的土壤为佳。每一标准棚（宽8m、长60m）撒生石灰75～100kg消毒，翻土备用。

3. 整地施肥

施足基肥，每个标准棚可施充分腐熟猪牛粪2500～3000kg、三元复合肥（15-15-15）80kg、充分腐熟饼肥或生物有机肥50kg，将肥料深翻后，闭棚升温晒土备用。

4. 藤蕹育苗

传统的方法是利用窖藏种苗进行繁苗，但管理成本较高。目前多采用于海南培育的种苗（图3），直接运回益阳进行扩繁。

5. 种苗繁殖或定植

当藤蕹幼芽长到7～10cm时，即可整株移植到大棚，株距20cm，行距30cm，整厢栽好后在厢面架设小拱棚，增加保温效果。当侧枝长到20～25cm时，将侧枝分向

图3　从海南空运回益阳的藤蕹种苗

两侧用泥土进行压蔓，促枝节处向下扎根，向上萌发第二次侧芽，同时追施稀薄人粪尿、猪粪水以及沼液，并配以少量的尿素。

可以从 4 月开始间拔采收，市场价格高，或剪取侧蔓作种苗进行扩种。

6. 扩种

5 月上旬气温已稳定回升，藤蕹的种蔓已长成 15 ～ 20cm 时，即可剪取侧蔓作为种苗扦插。采蔓的标准为：当种蔓长 4 ～ 6 节时，一般每个侧蔓基部留 2 节，以便再发侧蔓，每周可剪取一次，剪后及时追肥，促发新的腋芽长出。定植以株距 30cm、行距 30cm 为宜（图 4）。

图 4　藤蕹扦插栽培

7. 田间管理

（1）**苗期管理**　栽种的藤蕹萌芽后，棚内应保持白天 25 ～ 30℃，夜间 15 ～ 20℃的高温；晴朗的白天适当通风，放风时视棚内的温度可单边放风或两边同时开棚放风，棚内的小拱棚可两头放风或掀膜放风；下午棚内温度下降时注意及时盖膜闭棚保温。棚内要经常保持湿润状态和充足养分。

春季气温较低，秧苗生长缓慢，水分蒸腾作用弱，应注意控水，以保持土壤湿润为度。秧苗每次采收后，应追肥 1 次，施肥浓度应低，施肥后立即用水冲洗叶片。

（2）**生长期管理**　藤蕹能耐 35 ～ 40℃高温，15℃以下蔓叶生长缓慢。随着夏季气温升高，藤蕹进入旺盛生长期后，蒸腾作用强，水分消耗大，应增加水分供应，保持土壤湿润，结合追肥浇水，高温干旱时可于傍晚沟灌。

5 月中下旬或 6 月上旬当日平均气温稳定通过 20 ～ 25℃时，可揭去大棚膜，盖好防虫网。随着气温升高，生长量增大，施肥量应逐渐增加。每次采收后，每个标准大棚可在傍晚用腐熟饼肥 12.5kg 拌三元复合肥 5kg，掺细沙均匀撒在厢面，再在厢面淋浇稀薄的人粪尿或猪粪水或沼液，然后用清水淋洒叶蔓，以免烧叶。

藤蕹对肥水需求量很大，应及时浇水追肥。经常浇水保持土壤湿润，追肥时应掌握先淡后浓、以氮肥为主的原则，采用已腐熟的人畜粪水肥配以适量的速效化肥进行淋洒，或采用水肥一体化技术进行喷灌追肥。生长期间要及时结合中耕进行人工除草，直至藤蕹封垄。

藤蕹长出幼蔓长达 30cm 以上时压蔓。以后经常压蔓，结合除草用土杂肥压蔓，直到布满全田。藤蕹布满全田后，应及时采收。

（3）**病虫防治**　藤蕹的病害较少，主要害虫有蚜虫、菜青虫、红蜘蛛、小菜蛾、菜粉蝶、甜菜夜蛾、斜纹夜蛾等。必要时应及时用药防治。

① 蚜虫　可选用 10% 吡虫啉可湿性粉剂 2000 倍液，或 50% 抗蚜威可湿性粉剂 4000 倍液、1.8% 阿维菌素乳油 2000 倍液等喷雾防治。7 ~ 10d 一次，连喷 3 ~ 4 次。

② 菜青虫　可选用 2.5% 溴氰菊酯乳油 2000 倍液，或 2.5% 高效氯氟氰菊酯乳油 1500 倍液、5% 氟啶脲乳油 1200 倍液等喷雾防治，7 ~ 10d 一次。

③ 红蜘蛛　可选用 73% 克螨特可湿性粉剂 1500 ~ 2000 倍液喷雾防治。

④ 卷叶蛾、斜纹夜蛾、甜菜夜蛾、小菜蛾等　可选用 10% 氯氰菊酯乳油 2000 ~ 3000 倍液，或 20% 氰戊菊酯乳油 2000 倍液、5% 氟虫脲乳油 1500 ~ 2000 倍液等喷雾防治。

8. 采收

藤蕹是一次栽植多次采收，采收期为 4 ~ 10 月，春季当藤蔓长到 30cm 时，开始采摘，第一次采摘茎部留 2 个茎节，第二次采摘将茎部留下的第二节采下，第三次采摘将茎基部留下的第一节采下，以使茎基部重新萌芽。采摘时，用手掐摘较合适。

（王迪轩，刘立方，唐成书）

第三节
菜薹四季栽培技术

一、典型案例

　　益阳市百竹园绿色产业有限公司注册成立于2014年，是一家具有较完善的物流配送体系、先进的网络管理体系及完善的检测设施设备，集绿色产品研发与推广、种植、加工、仓储、检测、销售、科技培训与信息服务于一体的农业专业化公司，董事长潘艳（图1）。公司有1536亩绿色生态蔬菜种植基地，已进行辣椒、菜薹、竹笋、青花菜、普通白菜、南瓜、冬瓜、黄瓜、蕹菜等的绿色认证。注册商标"渔形湖"。产品主要通过"送菜佬"农产品配送中心，配送至商场超市、工厂、学校等。

　　其中常年种植菜薹300多亩（图2），一年八茬生产菜薹，平均每亩单产达7360kg，亩产值2.21万元，扣除生产成本每亩1.2万元，农户平均每亩纯收入达1.0万元以上。但该模式不宜年年连作，即相同地块一年种植八茬后，第二年不宜再种植十字花科蔬菜，宜与非十字花科蔬菜轮作，否则，根肿病、菌核病等土传病害会影响产量。

图1　百竹园公司潘艳

图2　百竹园菜薹基地一角

二、技术要点

1. 栽培季节

菜薹的品种不同，适宜的栽培季节不同。

（1）早熟品种　选择五彩翠薹1号等，可于4～9月播种，播后30～45d开始收获，上市期为 5 ～ 11 月。

（2）中熟品种　选择五彩翠薹 2 号等，可于 3 ～ 4 月和 9 ～ 10 月播种，播后 40 ～ 50d 收获，上市期为 4 ～ 5 月和 10 月～翌年 1 月。

（3）迟熟品种　选择迟心 2 号等，可于 11 月～翌年 3 月播种，播后 70 ～ 90d 收获，上市期为翌年 1 ～ 4 月。

这样，菜薹基本实现了四季生产，周年供应。若将迟熟品种安排在 5 ～ 9 月播种，则因温度太高不能及时通过春化阶段，植株生长弱，难抽薹，菜薹品质差。若将早熟品种安排在 11 月～翌年 3 月播种，则由于受低温影响，植株过早通过春化而提早发育、抽薹，营养生长时间短，植株细小，产量低。

2. 直播育苗

早、中熟菜薹由于生长期短，一般以直播为主。直播方式不用移苗，根系不会受到损伤，抗自然灾害的能力强，生长速度快，可以缩短生育期，提早收获，同时直播田间密度大，单位面积株数可以得到保证，容易获得高产。尤其是在 6 ～ 8 月高温多雨播种的早熟菜薹或在 2 ～ 3 月低温阴雨天气播种的迟熟菜薹，采用直播增产效果明显。但直播占地时间长，复种指数低，同时菜薹色泽较淡、大小不均匀、叶柄偏长、易空心、抽薹不一致。

播种前用 48% 甲草胺乳剂或草铵膦喷洒畦面，可以防止或清除田间杂草。同时，淋湿畦面，以防播种时种子掉入土层深处，但不可过湿，否则畦面会板结。

在冬、春季播种时，应预防低温，特别是寒潮的影响，一般应根据天气预报，选择晴朗天气或掌握在寒潮即将结束即冷尾暖头时播种，也可进行浸种催芽。夏、秋季播种则应避免在台风暴雨的天气播种。

播种后用遮阳网或稻草覆盖畦面，并淋足发芽水。采用覆盖措施，在夏、秋季起保温、防雨水冲刷和烈日曝晒的作用；在冬、春季起保温防寒作用。出苗后应迅速揭开遮阳网或稻草，防止幼苗徒长。播种量依季节的不同而不同，在春、夏季，由于气候条件不适，用种量可适当增加，一般每亩播种 0.4 ～ 0.5kg；在秋、冬季气候适宜的条件下，用种量可适当减少，每亩播种 0.3 ～ 0.4kg。

3. 育苗移栽

迟熟菜薹由于生长期长，可采用露地或育苗盘育苗。育苗移栽可缩短占用大田的时间，提高土地利用率，增加复种指数，同时易于选择生长势和株型整齐一致的嫩壮苗进行移植。育苗移栽的植株抽薹整齐、菜薹大小均匀、色泽较好、不易空心、叶柄偏短、商品性和品质较好。但在 2 ～ 3 月和 6 ～ 8 月这两个时期采用育苗移栽技术，因低温和高温等不良天气的影响不易获得高产。

可采用大棚或简易拱棚进行育苗（图 3），冬、春季菜薹栽培也可采用防寒保护地育苗。

图3 菜薹大棚育苗移栽

采用育苗盘育苗，播种前准备好营养土，播种前可将营养土装入 72 孔或 128 孔育苗盘内，装八成满即可，用清水浇透，每孔播 2 ～ 3 粒种子于育苗盘孔穴中间，然后覆盖 4 ～ 6mm 厚的干基质，播后每天浇水 1 ～ 2 次，保持基质湿润。播种后 2 ～ 3d 便可全部出苗，菜薹齐苗后每隔 3 ～ 5d 用 0.5% 复合肥水浇施一次，并注意苗期猝倒病、蚜虫、黄曲条跳甲等病虫害的防治。

4. 间苗

当幼苗真叶展开后，应及时间除过密苗和弱苗，保证每株幼苗有 6 ～ 7cm² 的营养生长面积。在幼苗具 3 片叶时可结合补苗进行第二次间苗及定苗，选择生长健壮的幼苗补植在缺苗处，保持适当的苗距。一般早熟品种定苗的苗距为 10 ～ 13cm；中熟品种定苗的苗距为 13 ～ 16cm；迟熟品种苗距为 16 ～ 17cm。植株现蕾后最后一次间苗，疏去小苗和生长不良的植株。

采用育苗盘育苗，待幼苗长出 1 片真叶时，即进行间苗，每穴留 1 株健壮的幼苗。

5. 施肥

（1）施足基肥　一般定植地应选疏松肥沃的壤土或砂壤土，前茬未种过十字花科作物地块，每亩施入充分腐熟的农家肥 3000kg 以上（或商品有机肥 400kg 以上），土肥混匀，做成平畦。在夏、秋季栽培菜薹，由于高温多雨，不利于生长期间追肥，更要注意基肥的施用，以基肥为主。

（2）及时追肥　追肥应掌握"勤施、早施、薄施"的原则，前期轻，中后期重，以尿素、硫酸铵、碳酸氢铵等速效氮肥为主，但不能施用硝酸铵。同时适当增施磷、钾肥。

在幼苗第一片真叶展开时，每亩追施一次稀薄粪水 1000kg，或尿素 3 ～ 4kg 提苗。

3 片真叶时结合间苗追一次肥，采用育苗移栽的，一般在定植后 2 ～ 3d 植株发新根时追施一次稀薄粪水 1000kg；之后，每隔 5 ～ 7d 可追施一次速效性肥料，至采收前 10d 左右停施。一般每亩每次尿素 5 ～ 10kg 和复合肥 10 ～ 20kg 混合施用，或高氮型大量元素水溶肥料（30-9-12+TE）10～15kg，严禁施肥浓度过高，否则易造成肥害。特别是采用水肥一体化施肥时，要稀释均匀。

菜薹形成期肥水条件与菜薹生长关系密切。一般在植株现蕾时，应重施追肥，一般每亩追施尿素或高氮型大量元素水溶肥料（30-9-12+TE）10～15kg。每次追肥宜在下午气温较低、光照较弱时进行，追施后立即浇水，注意避免肥料落在花蕾上，易造成烂蕾。

在主薹采收后，对于晚熟品种，仍需继续采收侧薹的植株，则应在大部分主薹采收后，再追施一次重肥，一般每亩追施尿素15kg，或高氮型大量元素水溶肥料（30-9-12+TE）10kg，以促进侧薹的发育。

采收前7d喷施0.5%钼酸钠或0.5%氯化锰溶液，可降低硝酸盐含量，提高菜薹品质。

6. 收获

当菜薹开放1～5朵小花、高度与植株叶片顶端高度齐平（俗称"齐口花"）或接近时，为适宜的采收期，应及时采收（图4）。

图4　菜薹采收

7. 保鲜包装贮运

（1）预冷　根据菜薹的销售要求和产地设备条件，可选用不同的预冷方式。出口产品最好选择真空预冷和差压预冷。真空预冷控制水分蒸发量在2%～2.5%为宜。

快速预冷后进行恒温冷藏或运输是应该具备的条件，薄膜包装和包装箱内加冰是最常用的配套方法。

（2）包装保鲜　将预冷后的菜薹分别装于聚苯乙烯泡沫箱或0.02～0.03mm厚聚乙烯塑料薄膜袋作内包装的硬纸箱中，在温度0.5～1.5℃、相对湿度90%～95%的条件下贮藏，菜薹可保鲜20～30d。如需要贮藏更长的时间，在包装前还要用允许在蔬菜采后使用的杀菌保鲜剂进行防腐保鲜处理。

（3）运输保鲜　远途运输时，无论是陆运、海运、还是空运，都应保持在低温下进行。最好采用冷藏车，且装卸时间越快越好。如果采用保温车运输，应采用泡沫箱加冰袋或冰瓶包装；在无冷藏设备的短期运输时，泡沫塑料包装箱内必须加冰袋或冰瓶控制温度。

（王迪轩，李绪孟，李友志）

第四节
加工型豇豆早春地膜覆盖栽培

一、典型案例

泥江口镇太阳奄村勤劳致富家庭农场,场主吴燕飞(图1),流转土地50亩种植蔬菜,上半年主要种植豇豆(图2)、辣椒等,下半年主要种植榨菜、萝卜、白菜等,创办了华燕食品厂做坛子菜加工,加工产品配送酒店、学校等。平均年产加工菜310t,加工成品近40t,主要加工产品有剁辣椒、辣椒萝卜、卜豆角、酸豆角、腌青豆角、干豇豆、萝卜条、盐渍榨菜、擦菜子等,年销售额80多万元,实现纯利润32多万元,这种适度规模、管理到位的蔬菜产销模式值得大力推广。以下为该农场总结的豇豆早春地膜覆盖栽培技术要点。

图1 吴燕飞在基地了解豇豆生产情况   图2 豇豆基地

二、技术要点

1. 品种选择

可选用肉质厚、耐老化、不鼓粒、无鼠尾、商品性好、抗病性强的品种。如詹豇215、独霸江山、中天龙9号等。

(1)詹豇215(图3) 常德市蔬菜科学研究所选育。植株蔓生,第一花序节位2~3节,每一花序可结荚2~4条,主侧蔓均可结荚,豆荚白绿色,荚长80cm左右,早熟,播种至始收52~54d,春季平均亩产2200~2300kg,夏季平均亩产1800~2000kg。

适于腌制加工或鲜食。

（2）**独霸江山** 大连宏雨种子有限公司生产。植株生长势强，早中熟，耐热抗病性强，豆荚鲜嫩，持续翻花能力强，条荚顺直，荚长 70～90cm。

（3）**中天龙9号（图4）** 天津中天益农种业科技有限公司生产。植株生长势强，中早熟，主蔓 4～5 节着生第一花序，荚长顺直，鲜嫩，油青亮丽，荚长 70～90cm，抗病性强，亩产 3500kg 左右。

图3 豇豆215　　　　　　　　　　　　　　　　　　　图4 中天龙9号

2. 播种育苗

（1）**苗床及营养钵制作** 在益阳，豇豆播种期可从 3 月底至 7 月上旬。早春豇豆多进行育苗移栽，3 月中下旬采用营养钵育苗，于 4 月上、中旬具有 3～4 片真叶时移栽，地膜覆盖。在大棚等保护地内建苗床、高畦，畦宽 1.2m，长 10～15m。畦内排放 8cm×8cm 的塑料钵或纸钵。内装用腐熟猪粪渣、无病虫园土按 1∶1 配制的培养土，每立方米培养土可加三元复合肥 0.5～1kg。每亩大田需育苗床 40～60m²。

（2）**营养土消毒** 每平方米苗床用 54.5% 噁霉·福可湿性粉剂 3.67～4.6g 掺 15～20kg 细土制成药土，打足底水后，将 1/3 药土垫籽，2/3 药土盖籽。

（3）**播种** 播种时，钵内先浇足底水，水渗后，每钵放 3～4 粒。盖细土 2～3cm，并盖地膜和塑料拱棚，增温保湿。

（4）**苗期管理** 播种后保持苗床白天 25℃，夜间 20℃。幼芽拱土后揭去地膜，再盖 0.3cm 厚细土，苗床温度降至白天 22～23℃，夜间 13～14℃。加强光照，保持土壤湿度 60%～70%。出苗后当白天外界气温达 17℃以上时放风。一般不浇水，中午前后发生轻度萎蔫时浇透水，防止小水勤浇使苗易徒长。定植前 7d 炼苗。

苗期病害主要是豇豆基腐病，对于未进行营养土消毒的，可于发病初期，用 1%

申嗪霉素水剂 700 倍液或 5% 井冈霉素水剂 1500 倍液、2.1% 丁子·香芹酚水剂 600 倍液喷雾。

也可采用商品基质穴盘育苗，营养土配制：园土 6 份，腐熟有机肥 4 份，每立方米营养土加入腐熟鸡粪 20kg，过磷酸钙 1.5kg，草木灰 8kg，54.5% 噁霉·福可湿性粉剂 10g。或 30% 苯甲·丙环唑乳油 25mL 兑水稀释成 2000 倍液，均匀喷入 1m³ 营养土中，装穴盘育苗，或用商品育苗基质（主要成分为泥炭、蛭石和珍珠岩）。苗期管理同营养钵育苗。

3. 适时定植

（1）**整土施肥**　一般每亩施用充分腐熟农家肥 2500～4000kg（或商品有机肥 300～500kg），过磷酸钙 25～40kg，硫酸钾 10～20kg，缺硼田地应加硼砂 2～2.5kg。连作地最好按每亩用 3% 辛硫磷颗粒剂 3～4kg、50% 多菌灵可湿性粉剂与 50% 福美双可湿性粉剂各 2kg 混细沙 10kg 制成药土，在播种或移栽时顺栽植沟撒施，杀灭地下害虫及病原菌，或每亩用生石灰 250kg、硫黄 2kg 随基肥施入消毒土壤，以克服连作障碍。基肥 2/3 面施，1/3 沟施。整地应在定植前 7～10d 进行，畦面宽（连沟）1.3～1.4m，高 25～30cm，龟背形，浇足底水，盖严地膜。

（2）**定植**　每畦 2 行，穴距 20～25cm，每穴 2～3 株，每亩定植 4000～6000 株。

4. 田间管理

（1）**水分管理**　豇豆的水分管理有"干花湿荚"之说，即开花前适当控水蹲苗，第一花序开花结荚时结合追肥浇一次足水，然后又要控制浇水，防止徒长，直到主蔓上约 2/3 的花序出现时，及时浇水保持土壤湿润。雨水过多时，应及时排水防涝。

（2）**追肥**　地膜覆盖种植，基肥充足，在开花结荚前可不施追肥。第一次追肥，宜在结荚初期，以后每隔 7～10d 追一次，追 2～3 次，每次每亩用氮磷钾复合肥 15～20kg，兑水 400～500kg 浇施或滴灌施肥。从开花后可每隔 10～15d，叶面喷施 0.2% 磷酸二氢钾溶液。采收盛期结束前的 5～6d，继续给植株以充足的水分和养分，促进翻花。为促进早熟丰产，可根外喷施 0.01%～0.03% 的钼酸铵和硫酸铜。

（3）**植株调整**　定植后 25～30d 开始搭"人"字形架，及时引蔓和绑蔓。对主蔓第一花序以下的侧芽可以全部抹除。主蔓第一花序以上各节位花芽和叶芽混生的，可将叶芽抹除。对侧枝上已萌发的花芽，将此侧枝打去，或留 1 片叶后摘心。如没有花芽只有叶芽时，当叶芽萌发成侧枝时，保留 1～2 叶后摘心，如肥水足，可多留一些叶再摘心。当主蔓达 2～3m 长时，将主蔓顶芽摘除。以上工作应于晴天下午进行。

（4）**保花保荚**　开花期连续下雨，或花期久晴不雨，易造成落花落荚。花期温度过高或过低，或种植过密、光照太弱，以及病虫为害等，也易造成落花落荚。应采取相应的管理措施保花保荚，提高产量。可在开花结荚期用 5～25mg/kg β-萘氧乙酸喷射花序，或用豆类植保素喷雾。

5. 主要病虫害防治

（1）豇豆根腐病、枯萎病　播种时，每亩用 70% 甲基硫菌灵或 50% 多菌灵可湿性粉剂 1.5kg 兑干细土 75kg，充分混匀后沟施或穴施。发病初期，选用 50% 多菌灵可湿性粉剂 500 倍液，或 15% 噁霉灵水剂 450 倍液、25% 咪鲜胺乳油 1000 倍液、8×10^9 个亿活孢子 /mL 地衣芽孢杆菌水剂 500 ～ 750 倍液等药剂，轮换喷淋或浇灌，最好是在出苗后 7 ～ 10d 或定植缓苗后开始灌第一次药，不管田中是否发病。

（2）豇豆煤霉病　发病初期，可选用 50% 甲基硫菌灵可湿性粉剂 500 ～ 1000 倍液，或 25% 吡唑醚菌酯乳油 2000 ～ 3000 倍液、30% 苯甲·丙环唑乳油 3000 倍液等喷雾防治，隔 7 ～ 10d 一次，连喷 3 ～ 4 次。

（3）豇豆锈病　发病初期，可选用 25% 丙环唑乳油 3000 倍液，或 12.5% 烯唑醇可湿性粉剂 4000 倍液、75% 百菌清可湿性粉剂 600 倍液、40% 氟硅唑乳油 8000 倍液、10% 苯醚甲环唑水分散粒剂 1500 ～ 2000 倍液等轮换喷雾。每隔 7 ～ 10d 喷一次，连续 2 ～ 3 次。

（4）豇豆轮纹病　发病初期，可选用 50% 咪鲜胺锰盐可湿性粉剂 1500 ～ 2500 倍液，或 20% 噻菌铜悬浮剂 500 ～ 600 倍液、25% 嘧菌酯悬浮剂 1000 ～ 2000 倍液、560g/L 嘧菌·百菌清悬浮剂 800 ～ 1 200 倍液等喷雾。每 10d 喷药一次，共 2 ～ 3 次。

（5）豇豆病毒病　及时防蚜。可选用 20% 吗啉胍·乙铜可湿性粉剂 500 倍液，或 4% 嘧肽霉素水剂 200 ～ 300 倍液、8% 宁南霉素水剂 200 倍液等轮换喷雾。

（6）豆荚螟　从现蕾后开花期开始喷药（一般在 5 月下旬～ 8 月喷药），在早晨或傍晚喷蕾喷花。可选用 0.36% 苦参碱可湿性粉剂 1000 倍液，或 25% 多杀霉素悬浮剂 1000 倍液、10000PIB/mg 菜青虫颗粒体病毒 16000IU/mg 苏可湿性粉剂 600 ～ 800 倍液等生物制剂喷雾防治。

（7）豆蚜　早期，可选用 25% 噻虫嗪水分散粒剂 1000 ～ 1500 倍液对幼苗进行喷淋。后期可选用 24.7% 高效氯氟氰菊酯 +10% 噻虫嗪微囊悬浮剂 1500 倍液，或 10% 烯啶虫胺水剂 3000 ～ 5000 倍液等喷雾防治，交替使用。

6. 采收

春季豇豆播种后 60 ～ 70d 即可开始采收嫩荚。开花后 10 ～ 12d 豆荚可达商品成熟，用于加工的豆荚采收标准是荚果饱满柔软，种粒处刚刚显露而微鼓。采摘最好在早晨 7 时前进行，并及时运到加工厂当天加工。

（李琳，王迪轩，张建萍）

第五节
益阳白丝瓜春露地地膜覆盖栽培技术

一、典型案例

益阳市赫山、资阳两区，特别是赫山区会龙山街道黄泥湖村、资阳区沙头镇忠义村，有40多年种植丝瓜的历史，选用的主要品种为益阳白丝瓜、白玉丝瓜、兴蔬白佳等。益阳白丝瓜因瓜皮呈白色而得名，肉色绿白，瓜面平整无棱。其主要栽培方式有大棚早春栽培及春露地地膜覆盖栽培，又以春露地地膜覆盖栽培的方式为主，一般4月上旬播种，6月上旬开始开花，6月中下旬开始收瓜，7～9月是收瓜盛期，至9月收获完毕，一般亩产1000～1500kg。

益阳市朝阳黄泥湖绿健蔬菜农民专业合作社，法人代表为龚亮先（图1），有蔬菜种植面积2018亩（图2），萝卜、黄瓜、丝瓜、大蒜、豇豆、花椰菜等11个蔬菜种类通过农业农村部无公害蔬菜产品认证，常年种植二十多个蔬菜品种。其中益阳白丝瓜常年种植面积近300亩，通过采用塑料大棚营养钵或基质穴盘提早育苗，定植期较以往提早1个多月，可于2月中下旬育苗，3月中旬左右定植，5月中旬开始上市，通过及时搭架、整枝打杈，亩产可达2000kg以上，亩平均收益达到6000元以上，高的达10000余元。

图1 合作社负责人龚亮先在丝瓜地了解种植情况

图2 黄泥湖蔬菜基地一角

二、技术要点

1. 选择品种

丝瓜春露地栽培（图3）应根据当地习惯，选用优质、高产、抗病虫、抗逆性强、适应性强、商品性好的品种，如益阳白丝瓜（图4）。益阳白丝瓜为益阳地方品种，植株蔓生，分枝力强，掌状裂叶。单性花，雌雄同株。瓜长棒形，长80～95cm，横径8～9cm，顶部稍粗，外皮绿白色，品质中等。单瓜重400～800g，生长期165d左右。较耐高温、高湿，但幼苗不耐寒。适于春夏季露地栽培。

图3　丝瓜春露地栽培　　　　　　图4　益阳白丝瓜

2. 播种育苗

一般可于2月上中旬浸种催芽后，采用塑料大棚电热线育苗，营养钵或基质穴盘护根育苗，3月中旬即可进行地膜覆盖栽培。度夏、度秋淡季栽培，播种期可延至4月。

（1）营养钵育苗　目前在生产上一些中小户还采用营养钵育苗。

① 配制营养土　选用3年以上未种过瓜类蔬菜的肥沃菜园土1份，人畜粪或厩肥1份，碳化谷壳或草木灰1份，拌和堆制腐熟发酵配制营养土。来不及发酵的可在营养土堆置后用100g甲醛稀释100倍处理400～500kg营养土，把药液均匀喷撒在营养土层，将营养土反复搅拌后堆置，上盖塑料薄膜，密闭2～3d后，将药土摊开5～7d，让药气散尽后即可使用。

② 种子处理　用35～40℃的温水浸种8～10h，再用50%多菌灵胶悬剂和50%甲基硫菌灵胶悬剂各10mL，加水1.5kg，浸种20～3min，清水冲洗2～3遍后催芽或直接播种。

③ 催芽播种　将消毒浸泡处理好的种子用湿纱布包好置于30～35℃温度下催芽，2～3d，芽长1.5cm时播种。

④ 苗期管理　播发芽籽2～3d可出苗，播湿籽的需15～25d出苗。从播种到子叶微展，保持床温25～30℃，床土湿润，空气相对湿度80%以上。子叶展开后，白

天 25 ～ 30℃，床温 16 ～ 20℃。地发干或苗出现萎蔫现象时才浇水。定植前 7d 应开始炼苗，床温降到 10 ～ 12℃。幼苗长出 3 ～ 4 片真叶时定植。

（2）**基质穴盘育苗**　蔬菜合作社以基质穴盘育苗为主。选用 72 孔穴盘。将装满基质的穴盘两个一排摆放在苗床上，用自动喷水器或喷壶浇透水，用木钉板在穴盘表面压穴，穴深 0.5cm。将催好芽的种子逐穴播种，每穴一粒。播种后覆盖蛭石，再用刮平板刮平。然后参考营养钵育苗加强苗期管理。

3. 及时定植

（1）**整地施肥**　选择土质肥沃、排灌方便的地块。定植前每亩撒施充分腐熟农家肥 1000 ～ 2500kg（或商品有机肥 150 ～ 300kg）、磷酸二铵 30kg，深翻细耙，做 1.5 ～ 1.6m 宽平畦，有条件的可覆盖地膜，地膜仅覆盖丝瓜种植行。在做畦的同时应再沟施过磷酸钙 50kg 作基肥。

（2）**定植**　抢晴天及时定植，地膜覆盖栽培时，可用打孔器打孔，株距 30cm，行距 80 ～ 100cm，每穴 2 ～ 3 株，每亩栽 250 ～ 350 穴，定植后可用干细土或土杂肥盖好定植穴。

（3）**浇定根水**　定植后，浇足定根水。

4. 田间管理

（1）**浇缓苗水**　定植 5 ～ 7d 后浇缓苗水。

（2）**中耕蹲苗**　开花坐瓜前，适当控水蹲苗，适时中耕。必须浇水时，应选晴天中午前后进行。

（3）**引蔓绑蔓**

① 搭架　蔓长 30 ～ 50cm 时及时搭架，多用杉树尾作桩，用草绳交叉连接引蔓，也可用竹竿搭"人"字形篱笆架，或平棚架。

② 绑蔓理蔓　爬蔓后，每隔 2 ～ 3d 要及时绑蔓理蔓，松紧要适度。绑蔓可采用"之"字形上引。

（4）**保湿防涝**　开花结果期应确保水分的供应，但遇雨天应排水防涝。干旱季节每 10 ～ 15d 灌水一次，保持土壤湿润。

（5）**人工授粉**　每植株留足一定的雄花量，授粉时间以早上 8 ～ 10 时为好，授粉前，要检查当天雄花有无花粉粒，雌雄授粉配比量，一般要在 1：1 以上。

（6）**除侧蔓**　上架后一般不摘除侧蔓，但若侧蔓过多，可适当摘除。

（7）**看苗施肥**　第一雌花出现至头轮瓜采收阶段，在施足基肥的基础上，以控为主，看苗施肥。

（8）**盘蔓压蔓**　晚春、早夏直播的蔓叶生长旺盛，常会徒长，需盘蔓、压蔓，在瓜蔓长 50cm 左右时培土压蔓一次，瓜蔓长 70cm 左右再培土压蔓一次，将蔓盘曲在畦面上，摘除侧蔓。

（9）**摘卷须去雄花**　在整枝的同时要摘除卷须、大部分雄花及畸形幼果。

开花坐瓜后，要及时理瓜，必要时可在幼瓜开始变粗后，在瓜的下端用绳子吊一块石头或泥坨（100g左右），使丝瓜长得更直、更长。

（10）施壮瓜肥　头批瓜采摘后，开始大肥大水，结合中耕培土每亩施复合肥15kg或腐熟猪牛鸡粪200～250kg。

注意：一般在结果期每隔5～7d追施速效化肥5kg。

（11）去病老叶　生长中后期，适当摘除基部的枯老叶、病叶。结果盛期，要及时摘除过密的老叶及病叶。

5. 主要病虫害防治

（1）病毒病　发病前或刚发生时，可选用20%吗啉胍·乙铜可湿性粉剂500倍液，或1.5%植病灵乳油600～800倍液、4%宁南霉素水剂500倍液、10%混合脂肪酸水乳剂100倍液等喷雾防治，7d喷一次，连喷3～4次。

（2）蔓枯病　可选用70%甲基硫菌灵可湿性粉剂600～800倍液，或40%氟硅唑乳油8000～10000倍液、20.6%噁酮·氟硅唑乳油1500倍液、10%苯醚甲环唑可分散粒剂1500倍液等喷雾防治。也可用50%或70%甲基硫菌灵可湿性粉剂50倍液，或40%氟硅唑乳油500倍液，蘸药涂抹茎上病斑，然后全田喷药液防治。

（3）根结线虫病　在播种或移植前15d，每亩用0.2%高渗阿维菌素可湿性粉4～5kg，或10%噻唑膦颗粒剂2.5～3kg，加细土50kg混匀撒到地表，深翻25cm，进行土壤消毒。发病初期可用1.8%阿维菌素乳油1000～1200倍液，或50%辛硫磷乳油1000～1500倍液等药剂灌根。每株灌药液250～500mL，每隔7～10d灌1次，共灌2～3次。

（4）瓜实蝇　可采用丝瓜上套泡沫网或塑料袋防止产卵的物理方法。药剂防治应在成虫初盛期，选中午或傍晚及时喷药，选用90%晶体敌百虫1000倍液，或2.5%溴氰菊酯乳油等菊酯类农药3000倍液等喷雾防治。药剂内加少许糖，效果更好。对落瓜附近的土面喷淋50%辛硫磷乳油800倍液稀释液，可以防蛹羽化。

（5）瓜绢螟　应掌握1～3龄幼虫期进行，可选用0.5%阿维菌素乳油2000倍液，或16000IU/mg苏云金杆菌可湿性粉剂800倍液、2.5%高效氯氟氰菊酯乳油2000倍液、20%氯虫苯甲酰胺悬浮剂5000倍液、1%甲维盐乳油1500倍液等喷雾防治。

6. 采收储运

益阳白丝瓜要就地销售，在温度最低的清晨采收，采收时轻拿轻放。一手托住瓜，一手用剪刀将果柄轻轻剪断，果柄留1cm左右，并拭去果皮上污物。采收后有条件的，尽量在温度10～13℃、相对湿度90%～95%的库房存放，菜箱上搭湿布或湿麻袋片降温保湿，就近运至当地批发市场销售。

（王迪轩，郭向荣）

第六节
早春黄瓜大棚栽培种植经验

一、典型案例

湖南省益阳市赫山区黄瓜常年种植面积 8500 亩以上，其中早春大棚黄瓜种植面积近 700 亩，秋延后大棚黄瓜种植面积约 560 亩。益阳市赫山区宏杰蔬菜种植农民专业合作社常年种植早春大棚黄瓜 21 亩，合作社负责人文杰（图 1）也是赫山区科技专家服务团成员，他坚持绿色可持续发展理念，刻苦钻研蔬菜种植新技术，总结出一套早春大棚黄瓜栽培技术。通过采用基施微生物菌肥、叶面喷施微生物菌剂防病治虫等方法，黄瓜病虫害少（图 2），植株生长势强，上市早，采收期长，产量高，品质好，比市场上的同类黄瓜产品销售快，且价格还要略高。在 2021 年上半年长期低温阴雨的恶劣天气条件下，其种植的早春大棚黄瓜赶在了 4 月中旬市场淡季时采收，基地最高批发价格达到了 8 元 /kg；由于后期露地黄瓜大量上市，且考虑到后茬茬口安排，提早罢园，每亩黄瓜产量也能达到 4100kg 以上，基地平均批发价格约 5 元 /kg。一季每亩产值达 2 万元以上，去除生产成本（地租 500 元，大棚折旧 1000 元，种苗 1500 元，肥料 500 元，农药 200 元，人工 3000 元，耕地、架材、地膜、吊绳、农具等其他 1300 元左右）约 8000 元，每亩纯收益 11000 多元。现将其早春黄瓜大棚栽培典型经验介绍如下。

图 1　合作社负责人文杰展示大棚黄瓜

图 2　采收 1 个多月的大棚黄瓜叶片上干干净净

二、技术要点

1. 品种选择

选择早熟性强，雌花节位低，适宜密植，抗寒性较强，耐弱光和高湿，较抗霜霉病、白粉病、枯萎病等病害的品种。市场上一般有刺黄瓜较多，无刺黄瓜较少，合作社考虑到消费者对本地黄瓜（无刺类型）的消费倾向，选用蔬研 3 号、蔬研 2 号等蔬研系列无刺黄瓜。

2. 培育壮苗

1 月上中旬播种育苗。播种前采用温汤浸种或药剂消毒浸种法处理种子。可用 50% 多菌灵可湿性粉剂 500 倍液浸种 2h，或用 50% 多菌灵可湿性粉剂按种子质量的 0.4% 拌种。选用 50 孔穴盘育苗，采用草炭、蛭石体积比为 3∶1 的复合基质，每盘基质中可加入尿素 3g、磷酸二氢钾 4g。播种前将基质浇透水，每穴播种 1 粒。播后穴盘上覆盖地膜，密闭大棚 5d 左右，出苗后及时揭去地膜，适当通风，降低棚内温湿度，一般白天温度控制在 20 ～ 25℃，夜间 10 ～ 15℃。第 1 片真叶展开后，采用大温差育苗（白天 25 ～ 28℃，夜间 14 ～ 15℃）。整个苗期不能缺水。在幼苗 1 叶 1 心和 2 叶 1 心时，各喷施 1 次浓度为 200 ～ 300mg/kg 的乙烯利。定植前 7d 炼苗，3 ～ 4 片真叶时定植。

3. 及时定植

（1）定植前的准备　选择地势较高、向阳、土壤富含有机质的地块，定植前 20d 选择晴天扣棚，以提高棚温；定植前 10d 左右整地做畦，将土壤深翻 20 cm 以上，结合整地一般每亩施生石灰 75kg。施完生石灰后 10d，在定植前再结合整地，每亩施入提前发酵好的稻壳鸡粪 10m³ 左右（图 3）、硫酸钾型三元复合肥（15-15-15，下同）30 kg，钙镁磷肥 40 ～ 50kg，深翻 20 ～ 30cm 后细整土壤做畦。8m 宽的大棚做 5 条龟背形高畦，畦宽 1.0m，畦高 30cm。所用的稻壳鸡粪（鸡粪含量约占总量的 20% 左右）需要提前 15d 进行堆积腐熟，腐熟时喷洒激抗菌 968 肥力高微生物发酵剂（福田生物科技有限公司生产）或木美土里发粪宝微生物菌剂［ETS（天津）生物科技发展有限公司生产］等有机肥腐熟剂，注意不能堆积太高，然后用废旧塑料膜等覆盖防雨，中途要翻堆 1 次，当稻壳鸡粪颜色变黑、变软、无臭味时即可使用。使用稻壳鸡粪有利于土壤团粒结构的形成，稻壳可以明显增强土壤的透气性，且在发酵过程中可以从土壤中吸收大量的氮素，利于减轻土壤盐渍化，避免肥害烧根或伤根的情况发生。

（2）定植　2 月中旬，当棚内 10cm 地温达到 12℃，棚内气温每天高于 15℃的温度达到 6h 以上时即可定植。选晴天上午进行定植。采用窄畦单行种植，将黄瓜幼苗定植在畦中央，每穴 2 株，穴距 40cm（图 4），后期引蔓时向畦两边各引 1 株，这种方式便于后期行间作业和采收。

图3　早春黄瓜大棚栽培施用的　图4　早春黄瓜大棚地膜覆盖定植
腐熟稻壳鸡粪

在黄瓜植株边平铺滴灌带，畦面覆盖地膜。单行种植，定植不宜过深，以幼苗根颈部与畦面相平为准，定植时幼苗要尽量多带营养土，结合浇定根水，每亩用 $1×10^8$CFU/g 枯草芽孢杆菌微囊粒剂（太抗枯芽春）500g + $3×10^8$CFU/g 哈茨木霉菌可湿性粉剂500g + 0.5% 几丁聚糖水剂1kg浇灌植株，可预防根腐病、枯萎病等土传病害。若发生根结线虫病，每亩可用活菌总数 $≥1×10^{10}$ 个 /g 的淡紫拟青霉2kg，施在种苗根系附近。最好在畦上搭建小拱棚。

4. 田间管理

（1）温湿度调节　定植后需立即闷棚，5～7d内一般不通风，在此期间采用三膜（地膜 + 小拱棚 + 大棚膜）覆盖，棚内不超过35℃不放风。可用电加温线进行根际昼夜连续或间隔加温促缓苗。黄瓜心叶长出后缓苗期结束，进入初花期后适当降低温度，棚内白天温度保持在25～30℃ 8h以上，夜间温度保持在10～15℃。在此期间，当棚内温度超过30℃时要及时放风，温度低于20℃时停止放风。缓苗后，抽蔓设支架前拆除小拱棚。

黄瓜生长中后期要注意高温危害。一是利用灌水增加棚内湿度，二是在大棚两侧掀膜放底风，并结合折转顶膜换气通风。通风一般按照"由小到大，由顶到边，晴天早通风，阴天晚通风，南风天气大通风，北风天气小通风或不通风"的原则，晴天当棚温升至30℃时开始通风，下午棚温降到20℃左右停止通风；夜间棚温稳定通过14℃时，可不关闭折转顶膜进行夜间通风，但不能将大棚膜全部揭掉，否则容易发生霜霉病、疫病等病害。

（2）水肥管理　在施足基肥的基础上，结合灌水选用腐熟农家有机液肥和硫酸钾型复合肥进行追肥。一般在缓苗后，视苗情施1次提苗肥，每亩施硫酸钾型复合肥或尿素 5kg；根瓜长 15cm 左右时结合浇水追施 1 次催瓜肥，每亩施硫酸钾型复合肥或尿素 10～15kg，以后每隔 7～10d 追 1 次肥；进入结瓜盛期后每隔 5～7d 追 1 次肥，结合灌水在两行植株之间再追施 2～3 次腐熟农家有机液肥，每次每亩用量约 1500kg，或每次每亩施硫酸钾型复合肥或尿素 10～15kg。

定植后每隔 7d，每亩可用 $1×10^8$CFU/g 枯草芽孢杆菌微囊粒剂（太抗枯芽春）500g + $3×10^8$CFU/g 哈茨木霉菌可湿性粉剂 500g + 0.5% 几丁聚糖水剂 1kg 叶面喷施；若需要防治瓜蚜或蓟马等害虫，可加入 $2×10^6$ 菌体 / mL 块状耳霉菌悬浮剂 1500～2000 倍液喷雾，或蜡蚧轮枝菌粉剂稀释成 $1×10^7$ 个孢子 /mL 的孢子悬浮液喷雾。开花结果期可用 0.3%～0.5% 磷酸二氢钾 + 硼肥（速乐硼或持力硼、禾丰硼、硼尔美等，按照产品使用说明使用）喷施，结果期在及时采收的同时，应注意选用含腐植酸或含氨基酸的水溶肥等浇根，以养根促壮。结瓜后期停止追肥。注意地湿时不可施用腐熟农家有机液肥。

黄瓜定植时轻浇 1 次压根水，定植后缓苗期一般不浇水，缓苗后要及时浇缓苗水；当根瓜长到 15cm 左右时再浇 1 次催瓜水；根瓜采收后，正处于气温适宜阶段，一般每隔 7d 浇 1 次水，保持土壤湿润。采收中期，随着外界温度逐渐升高，应勤浇多浇，保持土壤湿润。采收后期要减少浇水量，早期气温低时上午浇水，后期气温高时早晨或傍晚浇水，阴雨天最好不浇水。降雨后及时排水防渍。

（3）保花保果　坐瓜期使用浓度为 100～200 mg/kg 对氯苯氧乙酸（番茄灵）点花，以减少或防止落花与化瓜，提高坐瓜率，增加早期产量。使用方法：在每一朵雌花开放后，用毛笔将对氯苯氧乙酸稀释液点到当天开放的新鲜雌花的子房或花蕊上。考虑到茎蔓生长、根瓜无商品性等因素，瓜蔓 10 片叶以下的雌花不授粉。也可每棚放置 1 箱蜜蜂进行授粉。

（4）整枝绑蔓　黄瓜幼苗 4～5 片叶开始抽蔓时设立支架，可在正对着黄瓜行向的棚架上绑上可吊绳蔓的纵梁，再将事先剪好的纤维带按黄瓜栽种株距均匀悬挂在纵梁上，纤维带的下端可直接系在植株基部。当蔓长 15～20cm 时引蔓。

黄瓜以主蔓结瓜为主，应在及时绑蔓的基础上进行植株调整。采取"双株高矮整枝法"，即每穴种植 2 株，其中一株长到 12～13 节时及时摘心，另一株长到 20～25 节时摘心。如果采取高密度单株定植，则穴距缩小（穴距 30cm），高矮株摘心应间隔进行。黄瓜生长后期要及时摘除老叶、黄叶和病叶等，以利于田间通风透光。

（5）病虫害防治　一般通过精细管理之后，生长期基本不用喷施化学农药，做到绿色环保。若发生病虫害，可采用以下药剂进行防治。但要注意，棚内蜜蜂授粉期间，不能使用化学农药，应使用对蜜蜂无伤害的生物农药或微生物菌剂。

① 病害防治

a. 苗期猝倒病、立枯病　可在苗期用 95% 噁霉灵可湿性粉剂 3000 倍液进行苗床消毒。

b. 霜霉病　可用含活孢子 10^8 个 /g 木霉菌水分散粒剂 600～800 倍液，或 0.05%

核苷酸水剂 600 ～ 800 倍液等喷雾。发病初期，每亩可用 $7×10^9$ 个 /mL 地衣芽孢杆菌水剂 350 ～ 700mL（100 ～ 200 倍液）喷雾，宜在上午 10：00 前或下午 16：00 后喷雾。

c. 疫病　可用 77% 氢氧化铜可湿性粉剂 600 ～ 700 倍液，或 72% 霜脲·锰锌可湿性粉剂 700 倍液，或 64% 噁霜·锰锌可湿性粉剂 400 倍液等喷雾。

d. 白粉病　发病初期，每亩可用含孢子 $1×10^{11}$ 个 /g 枯草芽孢杆菌可湿性粉剂 56 ～ 84g，兑水 50 ～ 75kg 喷雾，或用含活芽孢 10^9 个 /g 枯草芽孢杆菌可湿性粉剂 600 ～ 800 倍液喷雾。

e. 细菌性角斑病　每亩可用 10^9 CFU/g 多黏类芽孢杆菌可湿性粉剂 100 ～ 200g，兑水 50kg 喷雾，或每亩用含孢子 $3×10^{11}$ 个 /g 荧光假单胞杆菌可溶性粉剂 30 ～ 40g，兑水 30kg 喷雾。

f. 炭疽病　可用含活孢子 $1.5×10^8$ 个 /g 木霉菌可湿性粉剂 300 倍液，或 0.05% 核苷酸水剂 600 ～ 800 倍液等喷雾。

g. 枯萎病　要早防早治，发病初期可用含芽孢 10^9 个 /g 枯草芽孢杆菌可湿性粉剂 1000 倍液，或 50% 甲基硫菌灵可湿性粉剂 500 倍液等灌根，每株灌 200 ～ 250mL，每隔 7 ～ 10d 灌 1 次，连灌 2 ～ 3 次。

h. 蔓枯病　可用 70% 甲基硫菌灵可湿性粉剂 600 ～ 800 倍液，或 40% 氟硅唑乳油 8000 ～ 10000 倍液，或 325g/L 苯甲·嘧菌酯悬浮剂 1500 ～ 2500 倍液等喷雾。以上病害根据病情一般每隔 7 ～ 10d 防治 1 次，连续防治 2 ～ 3 次。

② 虫害防治

a. 瓜蚜、蓟马　早期可用 25% 噻虫嗪水分散粒剂 1000 ～ 1500 倍液对幼苗进行喷淋。后期可用 24.7% 高效氯氟氰菊酯 1500 倍液 +10% 噻虫嗪微囊悬浮剂 1500 倍液，或 10% 烯啶虫胺水剂 3000 ～ 5000 倍液等喷雾。

b. 黄守瓜　可用 40% 氰戊菊酯乳油 8000 倍液，或 2.5% 鱼藤酮乳油 500 ～ 800 倍液，或 24% 甲氧虫酰肼悬浮剂 2000 ～ 3000 倍液，或 20% 虫酰肼悬浮剂 1500 ～ 3000 倍液等喷雾防治成虫。

c. 瓜绢螟　可用 10% 氟虫双酰胺悬浮剂 2500 倍液，或 20% 氯虫苯甲酰胺悬浮剂 5000 倍液，或 1% 甲维盐乳油 1500 倍液，或 24% 甲氧虫酰肼悬浮剂 1000 倍液等喷雾。以上虫害根据虫情一般每隔 7 ～ 10d 防治 1 次，连续防治 2 ～ 3 次。

5. 适时采收

定植后 30d 左右开始采收，最早可在 3 月中下旬上市，及时采收或摘除根瓜，以清晨采摘为宜。

（王迪轩，李绪孟，胡世平）

第七节
香菇秋季大棚人工代料栽培

一、典型案例

益阳市百羊食用菌专业合作社位于鱼形山街道百羊庄村，合作社充分利用当地优势资源，发展特色农业，牵头发展香菇产业，带动农民种植食用菌，致力于打造湖南最大的香菇产业基地。目前合作社种植面积500余亩（图1），2020年度产业收入约1000万元，为周边贫困户和农户提供了大量的就业岗位，并提供相关岗位的技术培训，培养了一批有文化、懂技术、会经营的新型菇农，有效推动精准扶贫、精准脱贫。

负责人潘斌（图2），系鱼形山街道办事处非公企业联合党支部书记、"湖南省首届十佳农民"。2016年，合作社被益阳市扶贫办授予"产业扶贫示范点"，2017年，被中华全国供销合作总社授予"农民专业合作社示范社"，2018年，被益阳市科协评为"食用菌科普示范基地"，同年，被湖南省农业农村厅评为"湖南省农民合作社示范社"。经多年的香菇生产摸索，合作社总结了一套较为成熟的香菇秋季大棚人工代料栽培技术。

香菇代料栽培（图3），在益阳市一般5月制取母种，5～6月制作原种，6～7月制作栽培种，8～9月接种栽培，10月至次年6月出菇。接种以8月中下旬～9月上中旬为宜。

图1 香菇生产基地一角

图2 潘斌在菇棚了解生长情况

图3　香菇菌棒

二、技术要点

1. 选配菌种

（1）**选择标准**　要求菌种温湿度适应范围广，抗霉能力强，早出菇，转潮快。一般应选中温型菌种。以生产鲜菇上市为目的，可选用高温型或中高温型菌种，以生产干菇、花菇为主，选用低温型、中低温型菌种。

（2）**高温型菌种**　出菇适宜温度范围 15 ～ 25℃，品种有 Cr-04、武香 1 号、8001、808、广香 47 等，在 8 月接栽培袋。

（3）**中温型菌种**　出菇适宜温度范围 10 ～ 20℃，品种有 Cr-62、Cr66、申香 4 号、申香 2 号、申香系列、农林 11、82-2、L-26、Lp612 等，在 9 月接栽培袋。

（4）**低温型菌种**　出菇适宜温度范围 5 ～ 15℃，品种有庆元 9015、939（图 4）、香菇 241-4、庆科 20 等，在 10 月上旬接栽培袋。

图4　939 香菇品种

2. 菌种制备

分母种、原种、栽培种三级。

（1）**母种**　采用菇木分离获得，一般为科研单位生产。

（2）**原种**　培养基采用木屑培养基，其配方为杂木屑 78%，米糠或麦麸 20%，糖及石膏各 1%。高压灭菌为 1.5kg/cm³ 压力下灭菌 1.5h，或土蒸灶常压灭菌 100℃ 保持 6 ～ 8h，再焖 4h。接种后，置 28℃ 左右下培养 30 ～ 40d，菌丝即可发到瓶底。

（3）**栽培种**　培养料和操作技术基本上和制备原种相同。

制备栽培种的季节应在 7 月中下旬，一瓶原种约可接栽培种 80 瓶，菌种培养时间为 60 ～ 80d；控制培养室室温不能超过 28℃，以 24 ～ 26℃ 最好。

培养室要加强通风换气，要有一定的散射光线，培养期间，发现瓶内有杂菌及时除掉。

3. 培养料配方

（1）主要配方　根据当地原料资源情况，因地制宜选用配方，常用配方有以下几种。

配方一：阔叶木屑100kg，麸皮20kg，玉米粉2kg，蔗糖1.5kg，石膏粉2.5kg，过磷酸钙0.6kg，尿素0.3kg；

配方二：阔叶木屑80%～82%，麦麸16%～18%，石膏1%，硫酸镁0.5%；

配方三：阔叶木屑79%，麦麸或米糠20%，石膏1%；

配方四：阔叶木屑79%，麦麸12%，玉米粉5%，豆饼粉2%，石膏1%，糖1%；

配方五：阔叶木屑78%，麦麸或米糠20%，石膏粉1%，白糖1%。

（2）原料要求　原料可以就地取材，但要新鲜、干燥、无霉变结块、无病虫杂菌寄生。使用前先摊晒1～2d。

4. 拌料装袋

（1）拌料　拌料时应充分拌匀，拌后过筛；含水量控制在50%～55%；pH值以5.5～6为宜；与装袋、消毒配合好，从拌料至装袋结束不超过4h，装袋上灶后旺火加温要求4h内达到100℃。

（2）装袋　塑料袋内袋常用15cm×（52～55）cm×0.05mm的聚丙烯袋或低压高密度聚乙烯袋，外袋常用17cm×（55～60）cm×0.01mm低压高密度聚乙烯袋，用装袋机（图5）或手工装袋。

图5　机械装袋

装袋应掌握层层装紧，不留空隙，1个袋约装1kg干料，即2kg湿料。装袋后用线扎紧袋口，并用湿布擦净袋表。采用胶布封口的，应在此时用打孔棒或专用打孔机打孔，在料袋两边各成直线打2～3个孔，孔径1.5cm，深2cm。再用3.5cm×3.5cm的胶布封口贴牢，或在外面再套一个外袋。

5. 消毒灭菌

装袋完毕，抓紧时间进灶灭菌。

（1）常压灭菌灶灭菌（图6） 灭菌锅内水不能烧干，应在加水槽内补充开水，防止中途停火降温。出锅用的塑料筐要喷洒 1%～2% 的来苏尔液或 75% 的酒精消毒。

（2）高压蒸汽灭菌锅灭菌 0.11MPa 压力维持 1.5～2.0h。

达标后待锅仓内的温度降至 50～60℃时，将料袋运入无菌室冷却至 28℃以下。

6. 接入菌种

（1）接种室消毒 接种前 1d，将接种室（兼培养室）空房消毒，可喷 5% 苯酚或 0.25% 新洁尔灭。

把经过蒸汽消毒后冷却的袋料运进接种室后，连同原种、接种工具等，在接种室用 30W 紫外线灯照射或气雾消毒剂消毒杀菌，禁用甲醛熏蒸消毒。

（2）接种 接种人员洗净手脚、更衣换鞋，进入接种室（帐）后，互相配合，流水作业，打孔、接种、堆码依序进行。如果是贴胶布的还要撕、贴胶布。不贴胶布的，更要注意使接入的菌种块与接种口平齐，或略凸出袋面。

选用菌龄 30～45d 的菌种，先将瓶（袋）外壁和瓶口用消毒剂（75% 酒精、0.1% 高锰酸钾、5%～10% 来苏尔任选一种）擦拭掉尘土并消毒，按无菌操作要求接种。一般一瓶 750g 的菌种，可接 20 袋左右。

（3）堆码 接种后，轻拿轻放，就地堆码，或搬入阴凉、通风干燥、清洁的专用培菌室内，四筒并排，上下层横竖交叉成"井"字形（图7）。

图6　密封后用锅炉供蒸汽灭菌

图7　接种后的菌棒移入发菌室堆码发菌

注意袋料平放，接种口朝侧面，以防叠压。可以堆叠 10～15 层，1～1.2m 高。每一堆可放 40～60 个菌袋，每平方米可放 4 堆，共 200 袋。

7. 菌丝培养

（1）管理指标

① 温度　菇房内温度宜保持在 18～26℃，控制袋内料温低于 30℃，料温超过

图8　香菇菌棒打孔增氧机

30℃时，应采取疏散、通风等降温措施。

②　相对湿度　保持培养场所干燥，相对湿度控制在60%～70%。

③　通风　培养室要定时通风换气，保持室内空气新鲜，菌袋采用定期刺孔增氧（图8）。

④　光照强度　除检查和翻堆操作外，保持室内黑暗或暗光。

（2）**管理要点**　在接种室就地培养，或专用培菌室培养菌丝，堆码后5～7d之内不可移动菌袋，只每天通气1～2次，每次15～20min。

5d后，勤查袋温，尤其注意堆中心的温度，超过40℃菌丝很快死亡。应掌握在超过30℃即翻堆散温，翻堆要求上下对调。高温季节6～7d翻堆一次，低温季节14d翻堆一次。

定植刺孔补氧。当菌丝圈长至直径6cm左右时，结合翻堆在接种孔四周刺孔，一般孔深1～1.5cm；当菌丝布满全袋后，每袋纵向刺孔4排，每排10～20孔。如果贴胶布封口的，接种10～15d后，揭开胶布一角以进空气，菌丝长满半袋时去掉胶布，以利菌丝生长。

从接种开始经过50～60d，菌丝长满袋，再过10～15d，菌丝吃透料，袋壁出现波浪状凸起的原基，说明菌筒已成熟，可以转入室外菇棚脱袋排场。

8. 室外出菇场的设置

（1）**菇场选择**　出菇场应选择坐北朝南、背风向阳的地段，清洁、排水、近水源之处。

可利用房前屋后空地或早稻田作为室外菇场。旱地要预先进行消毒，杀死各种病菌、杂菌和害虫，稻田要提前排水烤田，清除稻桩和杂菌。

灭虫可使用的农药和使用浓度：90%敌百虫晶体800倍液，或2.5%溴氰菊酯乳油1500～2500倍液、20%氰戊菊酯乳油2000～4000倍液等喷雾，施药后密闭48～72h。

新菇房使用前1～3d地面撒一薄层石灰粉进行场所消毒；老菇房用硫黄熏蒸或使用气雾消毒盒进行消毒。

需要灌水增湿的场所要先灌水，后行灭虫和消毒处理。

（2）**菇场设置**　一般1个菇棚（菇场）不超过1亩。菇棚高2.5～3.0m，棚架力求牢固，上盖茅草或塑料遮阳网。

（3）**菇场规格**　畦式菇场设于上述遮阳棚内，长度依菇棚地形而定，畦宽1.2～1.4m。

畦面平整或略呈龟背状，上设梯形菌袋（菌筒）架，或沿畦面纵向拉铁丝，铁丝间距20cm，离畦面25cm，中间适当支撑，以保证承重后仍与畦面平行（图9）。畦间预留 40cm 宽人行通道，菇场四周开沟排水。一般每亩菇场可排放香菇菌筒 1 万个左右（图 10）。

图 9　铁丝菌筒架　　　　　　　　　图 10　香菇菌筒摆放示意图

9. 转棚脱袋

菌筒发好成熟后，及时转入菇棚。选阴天脱袋，用锋利的小刀或双面刀片将菌袋纵向划开数刀，剥去料袋，将菌筒呈 70°～ 80°夹角斜立排放在菇筒架上。每排可放 8～ 10 个菌筒，筒与筒之间相距 5～ 6cm。每畦或每棚排满后，要立即在厢面覆盖薄膜，或盖大棚。脱袋时的气温要保持在 15～ 25℃，最好是 20℃。

10. 菌丝转色

菌筒脱袋后覆盖塑料薄膜，3～ 5d 不必掀动（但气温在 25℃以上例外），使菌筒表面长出一层浓白的（气生）绒毛状菌丝。而后增加翻动薄膜的次数，加大通风透光，促使绒毛菌丝倒伏，形成菌膜，并产生色素，逐渐转为棕褐色。如条件适宜，转色需 12～ 15d ；若气温低，则会后延 3～ 5d。

也有的采用带袋转色法，将全部完成发菌的白色菌袋依"井"字形码放，并覆盖薄膜、草苫等，使其升温的同时，通过调节草苫和薄膜的覆盖以及夜间的揭盖，促使其尽快转色。转色过程中及时扎孔排除袋内的黄水。床架栽培多采用此法转色，出菇时需割膜。

11. 出菇管理

菌筒脱袋后经过 15～ 20d，完成转色，进入出菇期。管理的要点是保湿保温，拉大温差、湿差，注意通风透光。

（1）催蕾　香菇是变温结实性菇类，原基形成需要有 10℃左右的温差。晚上 12 时以后掀开薄膜，让冷空气侵袭，使昼夜温差达 10℃以上。经过 4～ 5d，子实体原基迅速形成。有些菌筒采取常规催蕾不能出菇或转潮，可采取机械振动或电击刺激协助催蕾。

对于转色较深或翻动次数过多，形成硬、厚菌皮的菌筒，可通过增加菇棚内湿度和提高温度，软化菌皮，促进催蕾。

（2）温度　根据气候和栽培品种的不同，通过草帘（苫）、遮阳网、塑料薄膜的使用和灌水喷水的实施，调节菇房温度。白天应控制温度在 12 ～ 20℃。如果温度过高（超过 30℃），就要揭膜降温（可揭两头）。而遇低温严寒，则停止喷水，只在中午通风。

（3）湿度　菌筒含水量应保持在 55% ～ 70%，相对湿度控制在 80% ～ 95%。

第一、二潮菇期间以喷水方式为主保湿，幼菇长到 2cm 大，开始喷水，要做到勤喷、轻喷雾状水，出菇一、二潮后，浸水和注水与喷水保湿相结合。

（4）通风　勤通风换气，直至菇体成熟，一般应控制二氧化碳浓度在 0.1% 以下。

（5）光照强度　给予一定的散射光，冬季的菇棚要"七阳三阴"，春天要"三阳七阴"，调节光线和床温，使光照强度保持在 200 ～ 600lx。

12. 采收

7d 左右，子实体七八成熟，菌盖未完全张开，但已现白绒边，菌褶伸直，是采收的最佳时期。采菇前 12h 停止喷水。采收时戴手套，一手压住菌柄基部的菌筒处，一手捏住菇柄基部，先左右旋转摇动，再向上轻轻拔起。

采收后，要在菇场及时修整，清理菇根、死菇等残留物，然后分级和包装。

13. 适时浸水

（1）浸水时期　采菇以后，通风 0.5 ～ 1d。再盖薄膜，停止喷水，每天可通风 1 ～ 2次。经过 7d 左右，采菇的痕迹已变白，周围出现褐边，菌筒的重量已减轻 30%，方可浸水。

（2）浸水方法　浸水时，可先用 8 号铁丝在菌筒两端各打一个 6 ～ 8cm 深的洞，再把菌筒整齐放入浸水池中，上边压些重物，然后灌进低温的清水（可用井水）。冬天浸 6 ～ 8h，春天浸 8 ～ 12h，待菌筒恢复原重量（2kg 左右），及时取出排场，盖膜催菇。

（3）营养补充　春天气温逐渐升高，超过 30℃要采取降温措施，浸水时可加 0.1%的过磷酸钙和尿素。管理上要注意防高温多通风，发现杂菌要及时剔除。

（何永梅，李绪孟）

第八节
羊肚菌大棚种植技术

一、典型案例

杨迪（图1）是一位90后返乡创业大学生，于2015年9月创办益阳欣博农业发展有限公司，注册"鑫新绿"商标。该公司是一家"互联网＋村集体＋合作社＋种植大户"模式，集蔬菜生产、加工、销售、科研于一体的现代化农业企业（图2）。现有种植面积2520亩，其中蔬菜种植面积1120亩，大棚210亩，水肥一体化面积1000亩，加工厂房面积3000m²（加工车间2400m²，冷藏、冷冻存储车间600m²，农产品检测场地50m²），办公面积360m²。

图1 公司负责人杨迪　　　　　图2 公司基地一角

公司从2016年开始致力于大棚蔬菜与羊肚菌轮作高效栽培技术的研究、示范推广与应用，例如，一个连栋大棚占地5亩，实际面积4.8亩，2019年4月起种植供港辣椒，亩产量3.2t，亩产值0.78万元，10月底罢园，土壤消毒后11～12月种植羊肚菌，翌年3月底罢园，羊肚菌亩产110多千克，平均售价100元/kg，亩产值1.10万元，合计5亩大棚年产值达9.4万元。"菇菜轮作"能够实现大棚周年生产，减少肥料使用和病虫害的发生，解决设施栽培的连作障碍。预计再通过三五年，逐步发展大棚长季节蔬菜—羊肚菌轮作模式至150亩，达到年产蔬菜480t，羊肚菌18t左右，年产值280万元以上，并逐步发展羊肚菌干制加工等，打造品牌，通过公司的电商平台，把产品推向全国；同时，进一步带动周边农民种植，使羊肚菌生产成为带动当地农民脱贫致富的朝阳产业。

大棚蔬菜与羊肚菌轮作，其前茬一般为可于10月中下旬罢园的蔬菜作物，土壤消毒1个月后即可播种。翌年3月底羊肚菌栽培结束，4月接着种植蔬菜（可种植辣椒、茄子、番茄等茄果类，或苦瓜等长季节瓜果类蔬菜，按不同蔬菜的要求另备苗床提前育苗，于4月上旬定植，9月底前适期罢园），形成长季节蔬菜—羊肚菌轮作模式。羊肚菌种植对土壤、温度、湿度等条件要求严格，人工栽培难度较大。虽然羊肚菌产业发展快，但也要认识到羊肚菌栽培环环相扣，需要有一定的理论知识和精心管理。

二、技术要点

1. 选地整地

（1）**选地** 选择地势平坦、水源方便、土质疏松、透气性好、不易板结的地块，以有机质丰富的砂性壤土最佳。羊肚菌在同一块耕地连年种植会减产或绝收，因此要与蔬菜或水稻等进行轮作。

（2）**撒石灰** 翻耕前每亩均匀撒施生石灰50～75kg（图3），或草木灰200～250kg，调节土壤pH值为6.5～7.5。

（3）**翻耕** 除去杂草和前茬废弃物，播种前用微耕机耕地2遍以上，深翻25～30cm，使耕地土块基本没有超过拳头大小。

（4）**做畦** 畦面宽100～140cm，沟宽20～30cm、沟深20～30cm。土壤要耙细，土粒最大直径不超过5cm，畦面平整。

图3 施生石灰后翻耕

（5）**浇水** 上大水浇透，保证发菌时的水分含量，备用。

整地时间安排在播种前10～15d，羊肚菌播种温度在20℃以下，在益阳一般在11月下旬到12月上旬，要求在10月上旬前完成耕地工作。

2. 大棚或拱棚搭建

（1）**大棚** 一般利用蔬菜基地现有的8m×（30～60）m钢架大棚，上盖透光率5%～15%的遮阳网。有条件的可选用5亩左右的连栋大棚。

（2）**简易棚** 也可搭建简易棚，棚高为2m，四周铁丝拉线绷直，立柱高2.5m，每4m一根立柱，棚高1.8～2m，上盖遮阳网。

3. 菌种制备

菌种的制备分母种、原种和栽培种，菌种的制备时间节点根据播种季节往前推2.5～3个月为宜，不宜过早。

（1）**主栽品种** 栽培品种主要有六妹Y1、六妹Y31、六妹Y164、梯棱Y34、梯棱Y44等。

（2）**母种培养**　可选用加富 PDA 培养基：马铃薯 200g、葡萄糖 20g、磷酸二氢钾 1g、蛋白胨 1g、琼脂 18～20g，蒸馏水 1000mL，pH 值自然；或 CYM 完全培养基：葡萄糖 20g、蛋白胨 2g、酵母膏 2g、磷酸氢二钾 1g、硫酸镁 0.5g、磷酸二氢钾 0.46g、琼脂粉 18～20g，蒸馏水 1000mL。

（3）**原种、栽培种培养基**　配方基本相同，常压或高压灭菌后使用，常用配方如下：杂木屑 53%、小麦 35%、生石灰 1%、石膏 1%、腐殖质土 10%。

以上菌种均由湖南省微生物研究院提供。

4. 播种

（1）**播种时期**　羊肚菌适宜在最高气温低于 20℃时，土壤温度 20℃以下时播种。在益阳，一般 11 月底～12 月上旬播种。

（2）**掰菌种**　将菌种在已消毒的盆内掰碎成直径 1～2cm 的菌种块，注意不要揉搓。

（3）**播种**　播种量以每亩 100～150kg 菌种为宜。可采用沟播、条播、垄播、窝播、点播等方式进行，沟或穴的深度 5～10cm，间距 30～40cm，将菌种块均匀地撒在沟、穴中。

（4）**覆土**　播种后当天就要覆土。将走道内的土壤翻到畦面上，厚度 5～7cm。要求覆盖均匀、平整、不露种。如果播种期间阴雨连绵，土壤湿度过大，应采用干客土覆盖，不宜用原田的湿土覆盖。

5. 覆盖黑地膜

播种结束使土壤含水量达到 60% 左右，以用手捏土粒，土粒变扁但不破碎、不黏手为宜。播后当天在畦面上覆盖黑膜，在膜两边间隔 1～2m 压上 1 个重物，在膜中间每隔 0.5～1 m 打孔。可采用平铺畦面，或低拱棚覆盖（黑膜离畦面 10～15cm）。但不宜覆盖稻草等。

5～7d 后羊肚菌菌丝会长满土层，7～10d 后土面会有白色分生孢子（菌霜）分布。

6. 摆放营养补充袋

营养补充袋用量为每亩 1800～2000 袋，个别品种和土质需要增加营养袋的用量。营养袋制作完成后需尽快使用。

营养袋配方：稻壳 33%、木屑 33.8%、小麦 30%、生石灰 1%、石膏 2%、磷酸二氢钾 0.2%。采用 12cm×24cm 的聚乙烯塑料袋分装培养料，各物料混合后，含水量控制在 60%～65%，装袋以松散为宜，装后扎口，高压或常压灭菌。

羊肚菌播种后第 7～20d，揭开地膜，在畦面摆放灭菌后的培养料的料袋（图 4），营养袋侧面刺孔或划口，刺孔或划口处朝下，放置时要压平，尽量与地面接触。料袋之间间距 40～50cm，行距为 30～40cm，保证每平方米 3～4 个（图 5）。再将地膜还原覆盖。

图 4　菇农在摆放营养袋　　　　　　　图 5　摆放营养袋后

30d 左右菌丝长满营养袋，同时，地面菌丝颜色由白色变为土黄色。

7. 菌丝生长阶段的管理

菌丝生长阶段，即播种后到出菇前，一般在 11 月到翌年 1 月底 2 月初。立春后升温快，为保证适时出菇，要做好保温、保湿、透气工作，培养健壮菌丝。

（1）**水分管理**　播种至翌年 1 月中旬前后，空气相对湿度控制在 60% ～ 70%，土壤湿度不低于 50%。土壤过湿，则气生菌丝生长过旺，需通风排湿；土壤发白过干，则应喷水加湿；分生孢子过多，则可适当喷水淋洗打压。

（2）**温度管理**　菌丝生长阶段处在冬季最冷时期，因此，整个阶段以拱棚保温为主。

（3）**空气管理**　畦面平铺黑地膜，应 3 ～ 5d 揭开 1 次，通风 10 ～ 20min；低拱棚覆盖黑地膜，黑地膜四周不要严密压实，如通风状态良好，也可不用通风。

（4）**杂菌管理**　菌丝生长期间，畦面容易滋生各种杂菌，应每隔 3 ～ 5d 揭膜观察，如有杂菌，则应用石灰覆盖，通风 1 ～ 2h，使土面变干；如营养补充袋内出现大量红色、白色的链孢霉，则应喷洒链孢霉专用杀灭剂控制。

8. 出菇前管理

菌丝生长后期，即出菇前 20d 左右，时间一般在 1 月初至 2 月初。要采取营养、水分、湿度、温度、光线等综合调控措施进行催菇。

（1）**揭去黑地膜**　时间不宜过早，最佳揭膜时间为出菇前 10 ～ 20d。

（2）**撤去营养袋**　撤袋时间为出菇前 4 ～ 10d。

（3）**水分刺激**　采用微喷或喷灌浇水，至畦面 15cm 厚的土壤完全湿透，可大水操作 2 ～ 3 遍。也可往沟内灌水，保持沟内有水 24h，水渗进土壤。不建议大水漫灌，特别是对黏土。

（4）**湿度控制**　晴朗天气向上喷雾 1 ～ 3min，保持空气相对湿度 85% ～ 95%，土壤含水量 25% ～ 30%。

（5）**其他管理**　昼夜温差大于 10℃，掀膜增加光线以利原基分化。其他极端催菇的措施还有通过践踏畦面土壤造成机械刺激等。

菌丝逐渐开始分化，扭结形成原基，最初的原基似豆芽粗细，浅白色。此时的原基最为幼嫩脆弱，须做好保育工作，防止原基夭折。要特别注意：低温怕冻死，高温怕热死，水大怕淹死，缺水会干死。

9. 出菇期间管理

总的原则：温度维持在20℃以下，空气相对湿度提高至90%，采用滴灌、喷雾等措施进行少量补水。

（1）水分管理 出菇期间注重土壤和空气湿度管理，遮阳网遮阳，每天早晚通风1次，每次通风时间为25～35min，土壤湿度控制在田间持水量30%～35%，采用少量多次喷雾方式，控制空气湿度在85%～90%。

子实体原基形成以后，不能直接向畦面喷水，只能在空气中少量喷细雾或用雾化器增加空气湿度。如土壤湿度过低，可以在走道的沟内少量灌水。

（2）温度管理 子实体生长的温度范围是8～18℃，其最适生长温度为10～15℃，气温稳定在8℃以上3～5d，子实体就开始发生，原基生长到3cm左右幼嫩的子囊果这一阶段对温度的要求较严格，气温超过15℃就不再形成子实体原基，超过20℃就会死亡。因此，此阶段前期注意保温出菇，后期降温保菇。可采用双层遮阳网，或短暂洒水降温熬过极端高温天气。若遇倒春寒气温降到0℃以下，应加盖稻草或塑料薄膜抗寒。

（3）空气管理 羊肚菌是好气性真菌，足够的氧气对羊肚菌的生长发育是必不可少的，适当通风可保证棚内空气质量，但应避免风直吹畦面，导致土壤表层失水，原基和子实体死亡。

（4）光照管理 羊肚菌有较强的趋光性，其生长需要一定的散射光。

（5）灾害管理

① 虫害管理 营养补充袋容易发生跳虫、线虫等，应及时清除；另外在出菇期间悬挂黏虫的黄板、安装诱虫灯诱杀各种害虫；发生蛞蝓、蜗牛为害，则可用四聚乙醛防治。

② 杂菌管理 出菇前7d左右，畦面会出现一些盘菇，预示羊肚菌子实体开始发生；畦面上还会出现伞菌及其他一些杂菌，若大量发生时要人工清除；如子实体上形成大量白色真菌（镰刀菌、拟青霉）时要及时通风，降低土壤含水量和空气湿度，一般不要施用药物控制。发现有木霉等菌落出现时，用生石灰粉撒在菌落上面，并用土壤进行原地掩埋，防止其继续生长扩散。

10. 采收与储运

（1）采收 一般当子囊果长至10～15cm，菌盖表面的脊和凹坑明显，脊由幼嫩时的敦厚、宽圆变得锐利、薄，并伴有蚀刻感，子囊果不再增大，即为成熟（图6）。采收时，用干净的手五指并拢，轻轻地抓住菇体，另一只手用锋利的小刀从菇体基部斜切，将菇摘下（图7），并用小刀将菇体下面附带的土壤泥巴等杂物去掉，将菇轻放于干净的篮子内，或分装到特定规格的薄膜保鲜盒内，供运输流通。

图 6　田间适宜采收的羊肚菌　　　　　图 7　羊肚菌采收

羊肚菌采收后，也要及时将留在土里的菌柄基部残余清理出来，集中处理。

（2）**分级**　采摘后的羊肚菌，经适当修整，根据个体大小、形状、颜色，进行分级。

（3）**预冷**　将装入箱（筐）的羊肚菌（图 8），放入 0 ～ 1℃的冷库内预冷处理 16 ～ 24h，然后再封箱扎口。

（4）**储运**　预冷封装后，置于 2 ～ 4℃下，可贮藏 7 ～ 10d，或进行冷链运输销售。

11. 干制

采收的菇体要及时进行烘干或晒干。

（1）**烘干**　烘干羊肚菌时，温度应从 30 ～ 35℃开始，加大通风，及时排走湿空气，保持 2 ～ 3h；当菇体不再收缩后逐渐升温至 45 ～ 50℃，保持 2 ～ 3h，使之彻底干燥。适当回潮后，再装袋密封保存。在 16℃以下，空气湿度 50% ～ 60% 的仓库中可储存至少半年以上（图 9）。

图 8　包装好准备销售的商品羊肚菌　　　图 9　干制羊肚菌

（2）**晒干**　也可将羊肚菌放于干净的席子上，置户外慢慢晒干至含水量 12% 左右。
（鸣谢湖南省微生物研究院许隽博士的精心修改和指导！）

（何永梅，徐丽红）

第九节
赤松茸栽培经验

一、典型案例

　　益阳市赫山区华坤食用菌种植专业合作社地处益阳市赫山区泥江口镇横堤村，2017年3月22日成立，负责人曾勋辉，主要从事食用菌种植、加工、批发、销售。有食用菌大棚20多栋，新建菌包发酵车间3000m²，有独立菌包生产线、网络销售冷库储藏室。合作社现有社员47人，赤松茸种植面积850余亩（图1）。2020年全社生产赤松茸420多吨，实现产值680余万元，利润170余万元，实现人均增收1200元。

　　赫山区稻草资源十分丰富，利用稻草栽培赤松茸后的废料还可还田，增加土壤肥力，减少稻茬肥料的投入，改良土壤质量。赤松茸抗杂能力强，栽培技术简便、粗放，栽培成功率高且栽培产量较高，生产成本低，是目前既能解决农作物秸秆焚烧，又能使农民增收的好产业。合作社立足自然，变废为宝，技术负责人曾义华（图2）经过近几年的研

图1　合作社赤松茸种植基地

究实践，利用稻草、玉米秸秆野生种植赤松茸取得了阶段性成功，并通过采用稻菇套种，即赤松茸采收完毕，再种植一茬一季稻，大大提高了稻米的品质，生产的"志溪香晶"牌菇稻米（图3）每100g含总黄酮0.07～0.11g，价格也较常规的稻米翻了几番。

图2　合作社技术人员在指导采菇

图3　合作社生产的菇稻米

二、技术要点

1.栽培季节

赤松茸在温度 8 ～ 30℃均可播种，最适温度 18 ～ 20℃，在湖南益阳，一般于 10 月中下旬至 11 月上旬播种。播后 4 ～ 5d 菌丝萌发，30 ～ 35d 覆土。覆土后 10d 左右，土层内开始形成原基。出菇温度 4 ～ 24℃，以 16 ～ 20℃最适宜，30℃以上不出菇。在益阳的出菇期为 11 月至翌年 3 月底。

2.培养料配方及处理

（1）培养料配方　每亩需 5000 ～ 6000kg 培养料。可利用稻草、麦秆、玉米秆、豆秆、麻秆、谷壳、玉米芯、木屑（含刨花）等作原料。原料要求充足、新鲜，忌使用储存时间长、发霉变质的材料（只可使用当年新鲜料）。栽培料配方如下。

配方一：干稻草 100%；

配方二：干稻草（麦草）70%，香菇菌渣 30%；

配方三：干稻草 63%（以中晚稻为好），干牛粪 10%，麦麸（米糠）8%，玉米粉 6%，草木灰 5%，过磷酸钙 3%，碳酸钙 3%，石灰粉 2%；

配方四：干稻草（麦草）40%，谷壳 40%，杂木屑 20%。

（2）培养料处理　一种是浸水处理。培养料上床前必须用水浸透，一般浸泡 24 ～ 48h，捞出后沥出多余水分，以手握有 3 ～ 5 滴水滴下为宜。也可用水管向草堆上喷水，持续 6 ～ 7d，中间翻堆 2 ～ 3 次。

一种是发酵处理。当白天气温 ≥ 23℃时，将稻草放入水沟或水池中浸泡 2d 左右，边浸边踩，浸草预堆，堆成宽 2m、高 1.5m、长不限的紧实草堆进行预发酵。3d 后翻堆，再经 3d 将料空翻 1 次，抖散并调节含水量至 70% ～ 75% 即可（拿出一小把稻草或麦秆，拧出 2 ～ 3 滴水为宜），然后做畦播种。

场地可用敌百虫等灭虫，以防蚯蚓为害，然后在场地上撒一薄层石灰消毒。

3.整地做畦

选择近水源、不积水、排水方便的地方为宜。栽培场地的土壤要求为富含腐殖质、疏松肥沃的壤土或黏壤土。栽培场四周开好排水沟，平整土地，清除杂草。整地做畦时把表层的土壤堆放在旁边，供以后覆土用，畦中间稍高，两侧稍低，畦面高 10 ～ 15cm，畦面宽 90 ～ 100cm，长 150cm，畦与畦间距离 40 ～ 50cm，呈龟背形。如果土壤含水量不够，应浇水使土壤湿润，但不能有积水。整地做畦后选用 1% 的茶籽饼水、洗衣粉等苦味物质煮水泼浇畦面消毒。

也可选择室内进行地面床栽或层架式栽培，或在室外果园、树林、田间进行大棚床栽，以室外生料床栽为主。

4. 投料

处理好的培养料尽快使用，将培养料抖松后均匀、平整铺放在畦上，一般投料量为 10 ～ 15kg/m²（干料），料层厚度为 20 ～ 25cm，中间高，两边低，呈龟背形。

5. 播种

选用无杂菌、无病虫、菌丝浓密粗壮、白色、生活力强、苗龄适中、无吐黄水现象的菌种，撒播或穴播。

（1）**撒播** 谷粒种宜采用撒播。铺 1 层料撒 1 层菌种，如此重复，共铺 3 层料，播 3 层菌种，下面两层每层料厚 8 ～ 10cm，第三层料厚 4 ～ 5cm，总厚度为 20 ～ 25cm，播种后用木板拍平料面，并稍加压实，让表层菌种与料充分接触，再薄撒 1 层培养料。

（2）**穴播** 木屑谷壳菌种宜采用穴播。在料面上打穴，穴深为料厚的 1/2 ～ 2/3，穴间距 10cm 左右，将菌种掰成核桃大小，呈梅花形分布，将用种量的 2/3 分成小团块放入穴内，余下的菌种均匀撒于料面，整平压实。

（3）**用种量** 谷粒种用种 750mL/m²，木屑谷壳种 1500mL/m²。

6. 覆土盖草

在料垄上覆薄薄的一层土壤以盖严培养料，可选用无杂草、无石块、具有团粒结构、通透性好、保湿性强、无病虫的壤土或黏壤土，或用 50% 的腐殖土加 50% 的泥炭土，pH 值 5.7 ～ 7.0。也可就地取材，选用质地疏松的田园壤土，要求含水量适宜（含水量 20% 左右），即用手捏土粒，土粒变扁但不破碎、不粘手，如果土壤湿度不足，可在播种前浇水使土壤呈湿润状态。厚度 3 ～ 4cm，过厚不利于料垄透氧。

最后覆盖稻草 3 ～ 5cm，进行遮阳保湿处理，经常保持湿润。初期采用横向覆盖稻草利于防雨，出菇期再将稻草顺床覆盖，便于浇水使菌床内含水量适宜。不盖草的菌床菌丝不易上土，出菇稀疏，产量偏低。

7. 培菌

（1）**温度** 菌丝生长适温 22 ～ 28℃。因此，发菌期堆温以 22 ～ 28℃ 为宜，最好控制在 25℃ 左右，堆温不超过 30℃。

（2）**湿度** 大气相对湿度以 85% ～ 90% 为宜。培养料的含水量应达到 70% ～ 75%。播种后的 20d 之内，一般不直接喷水于菇床上，平时补水只是喷洒在覆盖物上，不要使多余的水流入料内。

8. 出菇期管理

一般覆土后 15 ～ 20d 就可出菇。管理重点是保湿及加强通风透气，出菇适温为 12 ～ 25℃，空气相对湿度为 90% ～ 95%，用水要掌握少喷、勤喷的原则，使覆土保持湿润。

9. 虫害防治

虫害主要有螨类、菇蚊（小菌蚊）、跳虫、蛞蝓和鼠。忌用化学防治方法，推广以驱避、诱杀、生物防治和人工捕杀为主的方法。

在赤松茸菌床周围放蘸有 0.5% 敌敌畏的棉球可驱避螨类、菇蚊和跳虫等害虫；菌床上放蘸上糖液的废布、新鲜烤香的猪骨头可诱杀螨类，也可以用捕食螨防治螨类；可用蜂蜜：水：90% 敌百虫 =1：1：0.2 混合液诱杀跳虫；蛞蝓晴伏雨出、昼伏夜出，可人工捕杀，或在菌床四周喷 10% 食盐水、苦艾茶＋肥皂水驱赶，也可撒草木灰 5 ～ 7kg/ 亩防治；用装有食物的鼠夹防治老鼠，也可以把鼠血滴在栽培场四周及菌床边，趋避其他老鼠。

10. 采收

（1）**采收标准** 赤松茸子实体从露出白点到成熟需 5 ～ 10d，整个生长期可收 3 潮菇，以第二潮菇的产量最高，每潮菇间隔 15 ～ 25d；菌盖内卷呈钟形、子实体的菌褶未破裂或刚破裂时为采收适期（图 4）。菌盖平展、菌褶变成暗紫灰色或黑褐色时采收将会降低商品价值。

（2）**采收方法** 采收时，用拇指、食指和中指抓住菇柄基部，轻轻扭转，松动后再向上拔起，不要带动培养料。采大留小，轻拿轻放。采下的菇削去带泥土的菇脚（图 5），分级包装。

图 4　适宜采收的赤松茸　　　　　　　　　图 5　去掉菇脚后的赤松茸

（3）**转潮管理** 一潮菇采收结束后，清理床面，采菇时留下的空洞要及时填补覆土，加大通风量，停水养菌 3 ～ 5d，喷重水增湿、催蕾，再按出菇期管理规范进行管理，一般可收 3 ～ 5 潮菇。

（4）**贮藏保鲜** 鲜菇放在通风阴凉处，在 2 ～ 5℃的环境下可保鲜 2 ～ 3d。

（何永梅，李绪孟，杨沅树）

第十节
黄桃生产技术规范

一、典型案例

　　益阳市优享种植专业合作社，位于益阳市赫山区龙光桥街道锣鼓村，这里山青水美田土肥，交通便捷。负责人刘世良（图1）。合作社以锣鼓文化园、父母颐养乐园、钓鱼休闲乐园、孔雀园、天鹅园、新农村经济田园综合体的"五园一体"为中心，全力培育特色生态功能型营养水果，打造益阳市生态农业示范基地、特色生态水果生产基地、精品观光农业生态旅游基地。目前已种植果树348亩（图2），主要品种有锦绣黄桃（图3）、黄金蜜1号黄桃（图4）、蟠桃、红蜜桃、苹果桃、中桃9号、黄金李、蜂糖李、黄金贡柚、红心猕猴桃、果冻橙、早熟蜜橘、甜柿子等。

图1　刘世良的果园

图2　优享果园基地一角

图3　锦绣黄桃

图4　黄金蜜1号黄桃

黄桃是近几年来颇受消费者欢迎的一个品种，其果肉呈橙黄色至金黄色，适用于鲜食或制罐、果脯、果干、果汁等加工，种植面积在全国也越来越广。益阳市赫山区几个水果种植基地种植黄金蜜1号黄桃、锦绣黄桃等黄桃品种已有几年，掌握了较为成熟的高产、优质技术，现将其介绍如下。

二、技术要点

1. 园地选择

选择生态环境良好，远离烟囱、公路废气、污水等污染源，排灌方便的区域，土质以疏松肥沃、土层深厚的砂壤土为宜，有机质含量1%以上，pH值6～7.5，地下水位1m以下，排水畅通，交通方便。

2. 整土施肥

建园前结合施入腐熟有机肥全园深翻，或以预设树行为中心线开挖定植沟，深50～70cm，宽大于1m，每亩施入充分腐熟农家肥4000～5000kg(或商品有机肥400～500kg)。耕翻以后，平地桃园可以树行为中心线起垄，垄高20～30cm，垄宽1～2m。

3. 选择品种

根据消费市场供求状况，以及当地栽培习惯等，选择优良黄桃品种，如锦绣黄桃、黄金蜜1号等。

4. 苗木准备

（1）苗木标准　选用2年生1级苗，苗高1.2m以上，苗木直径大于1.5cm，砧木以毛桃为宜，嫁接口距地面10cm处。

（2）苗木处理　剪齐主、侧根端毛茬，苗木副梢留1个次饱满芽重截。将苗木根系用70%噁霉灵可湿性粉剂3000～5000倍液+0.136%赤·吲乙·芸苔（碧护）可湿性粉剂5000倍液浸根0.5h。为预防根癌病，可用80%乙蒜素乳油500倍液+5×10^6IU/mg庆大霉素500倍液浸根4h。

5. 栽植

（1）栽植时期　秋季落叶后至封冻前或次年土壤解冻至发芽前栽植，以秋栽为宜。

（2）栽植方法　按确定好的株行距挖深40～50cm、直径50cm的定植穴。把表土和心土分开，表土可混入有机肥（每株2.5～4kg，尽量少用或不用化肥），填入坑中，然后取表土填平，浇水沉实。

将苗木垂直放在定植穴内，舒展根系，用细土分层填入根间，每填一层均要压实，并不时将苗木轻轻上下提动。在深耕并施用有机肥改土的果园，最后培土应高于原地面5～10cm，且苗木栽植深度保持嫁接口距地面10cm左右。

（3）**及时浇水**　栽后立即灌足定根水，扶正苗木。

（4）**插竿**　在苗的北面插一竹竿，用粗绳按"8"字形缚直苗干。

6. 整形修剪

（1）**"Y"字形**　适宜栽植密度为（1.5～2）m×（4～5）m。"Y"字形是目前生产上提倡应用和推广的树形。主干高度不低于50cm，2个主枝间距10cm左右，单轴伸向行间，夹角40°～50°，主枝上配置侧枝或直接着生结果枝组（图5）。主枝生长到50cm时摘心，促使抽生二次副梢。冬季修剪时注意选好延长枝，疏除竞争枝、密生枝。整形过程中注意扶强扶壮两大主枝，主枝上的侧枝或结果枝组基部的粗度不得超过其着生处主枝粗度的1/4（图6）。

图5　"Y"字形桃树定干　　　　　图6　"Y"字形树成型

（2）**主干形（图7）**　适宜株行距1.2m×（2.5～3）m。栽后第一年，定干高度为60～80cm，当新梢长度达70～80cm时，对侧梢摘心，促分枝，随后拉枝到90°左右。第一层侧枝3～4个，上部枝拉到110°～120°。8月下旬，全树留3～4个侧枝，分生15～20个长、中结果枝，树高可达2m左右。

图7　黄桃主干形修剪

栽后第二年，春季修剪，树高达不到2m的，延长头在饱满芽修剪，剪留40～70cm，由上而下，按枝序留长果枝15～20个，中果枝7～8个，短果枝基本没有，结果枝粗度大约在0.4～0.7cm，太粗的要疏除。按"去长留短、去粗留细、去强留弱、去低留高"的原则修剪。4月初，进行花前复剪，疏除花蕾多的密生枝和细弱枝。花期前后，抹除拉平枝背上部、剪锯口处，近主干15～20cm的背上芽。夏秋季修剪，疏除徒长枝、密生枝、双生枝和低位枝等，将有用长梢拗枝到110°。

7. 土壤管理

（1）果园生草 行间自然生草或人工种草。

自然生草，需对根系过深、竞争性强的恶性草进行灭除。在草生长到20～30cm时，用割草机刈割2～4次，留茬高度为6～8cm，割下的草均匀覆盖于树盘或行间，也可开沟铡碎施入土中。

人工种草，可行间种油菜，但以不影响桃树生长为度。当油菜开花结籽前刈割，将刈割的油菜覆于树带或树盘内。油菜刈割后，可硬茬点种黄豆、黑豆或绿豆等。

也可以种植三叶草、黑麦草、紫云英等。

（2）果园覆盖 用麦秸、稻草、玉米秸、绿肥、杂草等覆盖树盘，厚10～15cm。覆盖前，先浅翻树盘，撒施少许尿素等氮肥；覆盖后用土零星压住。6～9月覆盖最为适宜。树干基部20cm范围内不覆盖。土质黏重、地势低洼、易积水的果园不宜覆盖。

8. 施肥管理

每生产桃果100kg约需吸收纯氮（N）0.46kg、磷（P_2O_5）0.29kg、钾（K_2O）0.74kg，施肥时可以参考以上数据。

（1）基肥 黄桃落叶后或萌芽前均可施入，以秋施基肥为宜。主要施用农家肥、生物有机肥、豆饼等有机肥，必要时辅以少量化肥。每亩施优质腐熟农家肥3000～4000kg，或每株施生物菌型有机肥（含枯草芽孢杆菌、巨大芽孢杆菌、氨基酸，有机质≥45%，氮磷钾含量≥6%）8kg。

每年秋季果实采收后结合秋施基肥进行深翻扩穴，在栽植穴外树冠投影外缘内侧挖环状沟或平行沟，沟宽50cm，深30～45cm，树盘翻耕深度10cm左右，最深处可达20cm。将肥料和土充分拌匀后施入并灌水。每年更换施肥位置。

（2）追肥

① 土壤追肥

a. 幼年树追肥 第一年幼树，采用薄肥勤施。栽植成活后，每隔15d浇清水粪加适量速效肥1次，连续浇3次，9月下旬～10月施有机肥。第二年至第三年，在生长季节内，施速效肥2～3次，每次每株施复合肥0.1～0.15kg，9月下旬～10月施有机肥。

b. 结果树追肥 花前肥，一般在3月上、中旬，萌芽前2～3周追施，以速效氮肥为主，每亩施尿素15～25kg。秋施基肥没施磷肥时，加入磷肥。

硬核肥，一般在 5 月下旬至 6 月上旬，在核硬化开始时施入，如每亩施三元复合肥 50 ～ 60kg。

膨果肥（壮果肥），成熟前 20 ～ 30d，以氮钾肥为主，每亩施尿素、硫酸钾各 10 ～ 15kg，并配合叶面喷施硫酸镁等镁肥，或高钾型复合肥（15-5-26）15kg。

追肥可采用沟施（沟深 10 ～ 20cm）、穴施（在树冠投影下，距树干 80cm 之外，均匀挖 4 ～ 6 个小穴，施肥深度 10 ～ 15cm），施后盖土、浇水。不要地面撒施。

② 叶面追肥　全年 4 ～ 5 次为宜，一般结合病虫害防治进行。叶面施肥以日落后至晚上（下午 6 ～ 9 时）、无风天喷雾最好。叶面施肥的肥料种类、浓度、时期与作用参见表 1。

表 1　叶面施肥肥料种类、浓度、时期与作用

肥料名称	浓度 /%	喷施时期	作用
尿素	0.2 ～ 0.4	开花至采前	促进生长，提高坐果率
硫酸铵	0.4 ～ 0.5	开花至采前	促进生长，提高坐果率
过磷酸钙（浸出液）	0.5 ～ 1.0	新梢停长	促花，增质
磷酸二氢钾	0.3 ～ 0.5	落果后至采前	促花，增质
硫酸钾	0.3 ～ 0.4	落果后至采前	促花，增质
硫酸锌	0.3 ～ 0.5	发芽后	防小叶病
硼酸	0.1	发芽前后	提高坐果率
硼砂	0.2	盛花期	提高坐果率
硼砂（加适量石灰）	0.2 ～ 0.4	5 ～ 6 月	防缩果病
硝酸钙	0.3 ～ 0.5	盛花后 3 ～ 5 周，采前 8 ～ 10 周	防止果实缺钙
柠檬酸铁	0.05 ～ 0.1	生长季	防缺铁症
硫酸亚铁	0.2	生长季	防缺铁症
碧护	8000 ～ 10000 倍液	花前 1 周	减轻晚春霜冻，打破休眠
	15000 ～ 20000 倍液	花后 1 周	减轻生理落果
	15000 ～ 20000 倍液	果实膨大期	提早成熟，增加糖度和耐储性

9. 水分管理

（1）灌溉　当含水量下降到田间持水量的 60% 以下，又持续干旱时及时灌水。一般在栽后 15 ～ 20d 灌 1 次水，施肥后也要灌水。

成龄树在萌芽前、花后、果实迅速膨大期和土壤封冻前灌水。

灌水最好在早晚进行，待土壤渗透后及时排出。有条件的园区宜配套水肥一体化设施，提倡采用小沟灌溉及滴灌、喷灌等节水灌溉技术。

（2）排水　当含水量超过 80% 时，要及时排水。梅雨季节和夏季降雨应确保排水

沟畅通。

10. 辅助授粉

无花粉或花粉量少的品种，利用蜜蜂授粉或人工辅助授粉。

11. 疏蕾、疏花、疏果

（1）**疏蕾** 花蕾期人工疏蕾。首先疏除枝条背上的和背下的花蕾，可疏掉全树一半左右的花蕾，其次按距离留侧蕾，隔 5 ～ 10cm 留 1 个蕾即可。

（2）**疏花** 蕾期很短，花蕾期 2 ～ 3d 后，便接着疏花，一般花露红时为适宜疏花时期。去掉枝条背上和背下花，留两侧花，隔 5 ～ 10cm 留 1 朵，每个长果枝上留6 ～ 10 朵花。

（3）**疏果** 在花后 10 ～ 15d 疏果、定果。一般早熟品种在 5 月上中旬进行，中熟品种在 5 月中下旬进行，晚熟品种在 5 月下旬至 6 月上旬进行。

疏果顺序为先里后外、先上后下，首先疏除小果、双果、畸形果、病虫果，其次是朝天果、无叶果枝上的果，选留果枝两侧的个大、形状端正的果。同一结果枝留中下、外部果，果间距为 15 ～ 20cm，长果枝 70cm 的留果 4 ～ 6 个，40 ～ 50cm 的留 3 ～ 4 个；中果枝留 2 ～ 3 个，短果枝、花束状结果枝留 0 ～ 1 个果，副梢果枝留 1 ～ 2 个果，延长枝上的不留或少留，预备枝上的不留。

12. 果实套袋

中晚熟、大果型、易裂果品种宜套袋。套袋一般在花后 30d 开始，第二次生理落果后，硬核期进行。一般早熟品种可在 5 月中下旬，中熟品种在 5 月下旬，晚熟品种在 6 月中旬前进行。

套袋前 2 ～ 3d，全园喷洒一遍杀虫杀菌剂，如选用 30% 戊唑·多菌灵悬浮剂1500 倍液 +28% 甲氰·辛硫磷乳油 1500 倍液 +20% 啶虫脒可湿性粉剂 4000 倍液。有桃蛀螟为害的果园要在桃蛀螟产卵前进行。

选用正规厂家生产的优质双层纸袋或桃果实专用果袋。于上午 9:00 露水消失后开始套袋，下午以 2:00 ～ 6:00 为宜。套袋完成后，将多余幼果全部疏除。

13. 病虫害防治

（1）**主要病虫害** 主要病害有细菌性穿孔病、流胶病、褐腐病。主要虫害有蚜虫类、叶螨类、蚧壳虫类、桃蛀螟、梨小食心虫、红颈天牛和刺蛾等。

（2）**防治原则** 预防为主，综合防治，以农业和物理防治为主，提供生物防治，配合使用化学农药。

（3）**防治措施**

① 农业防治 加强土壤管理，增施有机肥，改善土壤理化性状；合理整形修剪；控制负载，保持树势健壮；及时剪除病虫枝，清除枯枝落叶。

② 物理防治　利用害虫的生物学特性，采取杀虫灯、糖醋液、黏虫板、性诱剂、树干缠草把等方法诱杀害虫。

③ 生物防治　利用瓢虫、草蛉、捕食螨、寄生蜂等害虫天敌以及有益微生物等灭杀害虫。

④ 化学防治　严格控制农药使用安全间隔期、施药量和施药次数。休眠期注意用石硫合剂或波尔多液进行清园。3月至4月，注意防治蚜虫、卷叶蛾、梨小食心虫、桃蛀螟、穿孔病等。5月至6月中下旬，注意防治螨类、卷叶蛾、潜叶蛾、梨小食心虫、桃蛀螟、疮痂病、穿孔病、褐腐病等。6月下旬至7月，注意防治潜叶蛾、食心虫、螨类、桃蛀螟、金龟子、穿孔病、褐腐病、疮痂病等。8月至10月，注意防治梨小食心虫、红颈天牛、潜叶蛾、茶翅蝽、叶蝉、霉污病、疮痂病等。11月至12月，树干涂白。

14. 采收

根据果实成熟度、加工要求、市场需求和运输条件，综合确定采收期，应分期、分批采收。

（何永梅，李绪孟，李慕雯）

第十一节
火龙果大棚种植技术经验

一、典型案例

火龙果属热带亚热带水果，适应性极强，喜光耐阴、耐热耐旱、喜肥耐瘠，采果期长、产量高，集水果、花卉、蔬菜、保健作用为一体，因而很受消费者欢迎。在湖南益阳赫山区、资阳区、桃江县、沅江市等城郊，利用大棚等设施种植火龙果发展迅速（图1）。

图1 火龙果大棚栽培

益阳市益果家庭农场主徐兆明（图2）从2018年开始，在赫山区龙光桥镇新月村规划100亩（图3），目前已建好和在建园区及配套设施区域约30亩，现有带遮阳网设施大棚12亩（主要种植红心火龙果和黄龙果），带防鸟网和滴管系统的无花果园区8亩，蓝莓园区7亩，其余地区规划种植百香果、八月瓜、桑葚、甜樱桃、黑老虎、黄桃、树莓等。果园致力于打造绿色无公害水果，采用黏虫板、防鸟网、糖醋液、诱虫灯、释放害虫天敌捕食螨、花绒寄甲等综合防虫措施，大量使用有机肥增强树体抗病能力。年吸纳周边农户用工2000余人次，实现了社会效益、生态效益、经济效益的共赢。几年来农场不断加强管理，

图2 徐兆明和他的火龙果

图3 火龙果园

严格执行湖南省农业标准化生产技术规程，农产品的产量和质量不断提高。经过几年来的不断探索，总结了适合益阳市的火龙果大棚栽培技术。

二、技术要点

1.品种选择

选择品质好、果个大、产量高、自花结实能力强、耐贮运、不易裂果的品种。目前在生产上表现较好的白心火龙果有白玉龙、白水晶等，红心火龙果（图4）有蜜宝、紫红龙、红水晶、红冠1号、青皮红肉、富贵红、金都1号、大红二号、莞华红等。

2.园地选择

大棚种植，建议选择保温效果好、采光充足、排灌方便的地方建棚，栽培以土壤疏松、土层肥厚、地下水位低、排水良好、富含有机质、pH值为5.5～7的微酸性砂壤土为宜。

图4　红心火龙果（剖面）

3.苗木繁殖

生产上主要采用扦插法。

（1）苗床准备

① 常规苗床　选择通风向阳、土壤肥沃、排灌方便的田块，每亩施充分腐熟鸡粪或牛粪1500～2000kg，钙镁磷肥100～150kg。结合翻耕施肥，然后整地做畦，畦包沟宽90cm。

② 基质苗床　按泥炭∶蛭石=3∶1，或锯末屑∶腐熟猪粪∶田园土=1∶1∶2的比例配制好基质，用50%甲基硫菌灵可湿性粉剂500倍液或50%多菌灵可湿性粉剂800倍液喷洒基质消毒，堆积后用薄膜覆盖3～4d。

（2）扦插　在优质、无病虫害的植株上采集棱宽1.5cm以上、棱厚0.2cm以上的枝条，截成25～30cm长，经百菌清或高锰酸钾等广谱杀菌剂处理后，将插条基部的三棱削成斜面，使插条基部呈楔形，将茎段基部1cm左右的肉质去除，留下中间木质部，放在阴凉通风处晾干3～5d后扦插。也可以将插条基部用600mg/L的萘乙酸浸泡20min后再扦插，可促进插条生根。

按株行距20cm×15cm插入苗床中，扦插深度5～8cm。

（3）苗期管理　扦插后浇透水，并用50%多菌灵可湿性粉剂500倍液喷雾1次，保持苗床湿润、疏松和透气。一般20d左右开始生根，35d左右开始萌发，插条生根后要保持苗床湿润，但不能积水，通常每隔1～2周浇水1次。若枝条萌发过晚，可用10～50mg/kg赤霉酸+0.2%尿素根外喷施，促进萌发。

每株只保留1个芽点，其余芽点抹掉。当新梢长到3～5cm长时适当施清粪水，当小苗生根后并长出第一节饱满肉质茎，新枝蔓长至20cm以上长时即可移栽定植。

4. 定植

火龙果周年均可种植，春季种植以3～4月为宜，秋季以9月下旬～10月中旬为宜。

（1）种苗选择 种苗要求品种纯正、枝蔓饱满、无病虫害，苗高30cm以上。若栽培授粉品种，应按照1∶10的比例配置授粉植株。

（2）种植方式 可采用单柱式种植或排式种植。

① 单柱式种植（图5） 水泥柱规格为180cm×10cm×10cm，柱子顶端留取长5～10cm、宽8cm的水泥方盘套头，水泥柱入土50cm深。

种植栓株行距为2m×3m，每亩立110根水泥柱，在距离每根水泥柱4个侧面10～15cm处分别种植1株，共计440株。

② 排式种植 在畦的中心立水泥柱，行距2.5m，柱距2～3m，水泥柱入土0.4～0.6m，每根水泥桩上每隔0.3m穿洞，用钢索连接成篱笆状（图6）。

图5 火龙果单柱式栽培后期田间效果图　　图6 火龙果排式种植后期田间效果图

在畦上水泥柱之间，每隔0.3～0.5m栽苗1株，每亩栽530～660株，并在每株火龙果旁立一根高1.8m的竹竿或木条（入土0.4～0.6m），用线将竹竿或木条固定在钢索上。

（3）种植方法 栽植时应浅种。先在种植穴内铺1层疏松透气的有机质，将苗放在有机质上，舒展根系，用细碎疏松的心土覆盖根部，覆土3～5cm厚，然后用布条或尼龙绳将苗木中上部固定于立柱或竹竿上，浇定根水，土壤湿度保持在田间最大持水量的60%～80%，还可用稻草、秸秆、谷壳、花生壳等覆盖树盘。

5. 温、湿度管理

火龙果喜温不耐寒，最佳生长温度为20～30℃，高于38℃或低于10℃植株处于被迫休眠状态，低于5℃易受冻害。空气相对湿度应控制在60%～70%。

夏季于6月拆掉大棚膜，换上防虫网，再配套遮阳网，光照过强时用遮阳网遮光降温。冬季可覆盖防寒草帘，棚内可吊二层膜（距棚顶20cm左右）等增加保温效果。

6. 施肥

（1）**基肥**　种植前 1 ～ 2 个月，每亩施入充分腐熟发酵农家肥 2000kg、花生饼（或菜籽饼）50kg、过磷酸钙（或钙镁磷肥）15kg，肥料与穴（沟）内表土拌匀后回填至穴内，高出地面 20 ～ 25cm，浇水或淋雨 2 ～ 3 次可开始定植。

（2）**幼龄树追肥**　幼龄树（一至二年生）以氮肥为主，将肥料均匀撒施于植株周围的泥面上，不能把肥料直接撒到植株上。栽苗 20d 后开始追肥，结果前以施尿素和复合肥为主，每个月施 2 次，每株一次施尿素 25g，另一次施复合肥 50g，两种肥料交替施用。在 11 月气温下降以前，以农家肥为主，重施 1 次有机肥，每株用量 10 ～ 15kg。

提倡滴灌施肥，在栽植畦上火龙果根部左右两侧 10 ～ 20cm 处铺设两条滴灌带。滴灌施肥每亩每次施肥量不要超过 5kg。

（3）**结果树追肥**　成年树（三年生以上）以施有机肥为主、化肥为辅，化肥以磷、钾肥为主。开花结果期增补钾肥、镁肥和过磷酸钙，以促进果实糖分积累，提高品质。7 月、10 月和翌年 3 月，每株施有机肥 4 ～ 5kg、复合肥 0.2kg，或腐熟农家肥 5 ～ 7.5kg、花生饼 0.5kg、复合肥 0.25kg。

若采用水肥一体化施肥技术，3 ～ 10 月应每 30d 追肥 1 次，每亩每次施肥量不要超过 5kg。

（4）**根外追肥**　在花蕾迅速膨大期和果实迅速膨大期采用根外追肥，可用 0.3% ～ 0.5% 尿素 +0.2% 磷酸二氢钾混合溶液喷施 1 次，也可加入钙、镁、硼、锌、钼等中微量元素肥料。

在采果前 3 ～ 7d，喷施 0.2% ～ 0.3% 海藻素溶液、0.1% ～ 0.2% 氨基酸溶液等叶面肥，有利于采后保鲜。

根外追肥时要注意添加有机硅等表面附着剂，根外追肥最好在 17:00 以后进行。

7. 水分管理

（1）**灌溉时期**　幼苗生长期应保持全园土壤湿润，土壤含水量控制在田间最大持水量的 60% ～ 80%。春夏季应多浇水，结果期要保持土壤湿润，冬季园地要控水。在新枝蔓生长前后至开花期、花蕾迅速膨大期、果实迅速膨大期，均要多浇水，使土壤中有足够的水分。

（2）**灌溉方法**　天气干旱时，3 ～ 4d 灌溉 1 次。灌溉时切忌长时间浸灌，也不要从头至尾整株淋水。有条件的最好采用滴灌方式。

（3）**防涝**　夏季要注意雨季排涝，避免积水烂根。集中采果前要控制浇水。11 月中下旬至翌年 3 月上旬，为提高植株抗寒性，果园禁止浇水。

8. 除草

果园杂草生长快，要及时人工拔除，忌喷除草剂。种苗移栽 3 ～ 5d 后，可以在距离植株 30cm 处的垄沟上铺设宽 0.8 ～ 2m 的除草布。也可以通过在行间间作低秆豆科植物来防控杂草，例如三叶草、紫云英、紫花苜蓿等，种草高度保持在15cm以下，过高时可用割草机刈割。

火龙果根系裸露时，可用稻草、秸秆、花生壳、菇渣、甘蔗渣等培土护苗。

9. 补光

（1）**补光时期**　火龙果开花与温度、光照息息相关，在自然条件下，红皮红肉品种主要产期在6～12月，红皮白肉品种在6～11月。通过补光可以增加5～6月和10～12月的结果量。

（2）**补光灯**　一般用LED灯补光，灯距1.2～1.5m，每亩安装12～15W LED灯160～180个。灯可以放置在行间或柱顶，在柱顶悬挂的高度应比火龙果植株略高（30～50cm），光线与侧枝垂直。

（3）**补光时间**　春季补光，可促进花芽提前分化，增加前两批花的数量，达到早开花、早产果的目的。3月上旬温度升至20℃以上时开始补光，4月中下旬停止。秋冬季补光，可延后多开2批花，增加产量。9月底或10月初开始补光，11月中旬停止。

每天从18:00开始，每天补光4～6h（图7）。如果补光时间过长，火龙果枝条会出现白化问题，影响火龙果非补光时段的光合速率。

10. 越冬防寒

当温度在10～15℃时，火龙果幼嫩枝蔓上会出现铁锈状斑点，即发生冷害；当最低温度在

图7　火龙果夜间补光

0～8℃时，植株会遭受寒害；最低温度在0℃以下且持续时间超过48h，火龙果成熟枝条会受到冻害。因此，要提前做好火龙果防寒防冻工作。

（1）**防冻措施**　每年12月中下旬至翌年2月上旬，密切注意长期天气预报和短期天气预报，在温度下降前1周，开始采用覆盖、喷水、灌水、熏烟、喷防冻药剂等综合措施防冻。

① 覆盖法防冻　在低温霜冻来临前，用塑料薄膜、遮阳网布、稻草等对整柱或整行覆盖，待气温回升稳定后再撤除覆盖物。

② 喷植物生长调节剂或防冻药剂　低温来临前1周，选用青鲜素，或乙烯利、多效唑、植物抗寒防冻液等任一种药液（稀释浓度遵照产品使用说明）均匀喷洒火龙果枝条，连续喷2～3次，每次间隔10～15d，可增强植株抗寒性。此法要先小面积试验后，再进行推广应用。

③ 加强管理　施足基肥，合理修剪，培育健壮植株。生长期注意多施钾肥，秋后应增施有机肥，促使植株枝蔓在冷冻害发生之前充分老熟、浓绿饱满且无嫩芽。

（2）低温寒害灾后恢复措施

① 及时修剪、喷药　春季气温回升后，要根据果园受冻情况及时修剪。若症状轻微，则不需要剪除枝蔓，待其自然痊愈即可；若症状严重，则要剪除受冻枝蔓，只要木质部没有受害，可以用嫁接刀或水果刀对冻害造成的腐烂处进行刮除。修剪完受冻枝蔓或刮除腐烂处以后，可以选用50%甲基硫菌灵可湿性粉剂1000倍液，或50%多菌灵可湿性粉剂800倍液，或70%百菌清可湿性粉剂500～1000倍液，或80%代森锰锌可湿性粉剂600～800倍液等广谱性药剂加含氨基酸的叶面肥喷施。

② 及时浇水　枝蔓受冻后，下午至傍晚水温较高时给植株浇少量水。

③ 及时施速效肥料　在立春后及时追施以速效氮肥为主的肥料。

④ 加强果园土壤管理　春季气温回升后要做好清园工作，及时将冻死的残株及腐烂枝蔓清除，并进行松土和培土。

11. 整形修剪

（1）幼苗期整形修剪　幼苗期应剪除所有侧芽，每株苗仅保留1条向上生长的健壮枝，根据植株长势及时用布条或绳子将幼蔓绑缚在水泥柱或竹竿上。对剪口用代森锰锌或苯醚甲环唑等广谱性药剂（用水调匀后涂抹）预防伤口感染溃疡病、软腐病等病菌。

当枝蔓长至接近支架（盘）平行高度时，剪除顶芽，促生侧枝，并选留4～5条生长健壮、角度分布较好的新芽，作为一级分枝，让其沿着水泥上的圆盘自然下垂生长；一级分枝长到35cm左右时再次剪除顶芽，促发分枝，每根枝条保留4～5个芽条，让其下垂生长。

（2）结果树整形修剪　每年修剪2次，第一次在2～3月，第二次在11～12月。

① 整形　疏密枝、强结果枝。

a. 火龙果每条枝蔓可抽发3条以上新枝蔓，在枝蔓生长旺盛期，应及时将过密、长势较弱的新芽疏去。为了增强结果枝，应将多余密集的枝蔓剪去。同时，要对结果枝蔓进行打顶和短截，使下垂结果枝蔓的长度保持在1.2m左右，过长部分应去除。

b. 保持枝蔓离地高度　应修剪至所有枝蔓的顶端离地30cm以上，以防地面病虫传播到枝蔓上。

② 修剪　进入盛果期的植株要进行修剪。采用单柱式种植的每株留13～15条结果枝蔓，排式种植的每株留7～8条结果枝蔓，所留枝蔓应均匀分布于植株的不同部位和方向。一般每株安排2/3的枝蔓作为结果枝，余下1/3的枝蔓应及时抹除花蕾，促进其营养生长；对直立生长的枝蔓进行截顶，促其多发分枝，使枝蔓下垂。

一般每年修剪2次。第一次在春季2～3月进行，剪除冻害枝、病枝、弱枝、重叠枝、徒长枝和过密枝。第二次在12月果实采收结束后进行，剪除挂果多年的老枝、病枝、郁蔽枝和过密枝。修剪完的枝蔓可集中起来，经粉碎后堆积发酵，再用作肥料覆盖到植株树盘。

12. 花果管理

（1）人工授粉　有些火龙果品种自花授粉结果率低，需人工授粉。种植自交不亲和的火龙果品种，要间作 10% 左右的其他火龙果品种作为授粉树。

若遇阴雨天气，要进行人工授粉，以提高坐果率。21:00 后至次日 8:30 左右为人工授粉时间。人工授粉后，挂塑料标签并登记授粉时间，便于确定不同品种从授粉至采收的时间，及时采收。此外，还可在花朵完全开放时，用 100 ～ 200mg/kg 赤霉酸溶液涂抹花朵基部，以提高坐果率。

（2）疏花疏果

① 疏花　一般花蕾长至 1 ～ 2cm 时即开始疏花，疏去连生和发育不良的花蕾，每条结果枝蔓只留 2 ～ 3 个饱满花蕾（若留两个花蕾，则两个花蕾之间的距离要大于 20cm，且不在同一棱上），开花 1 ～ 2d 后可将花瓣剪去，只留雌蕊。

② 疏果　谢花坐果后，要及时摘掉病虫果、畸形果，对坐果偏多的枝条进行人工疏果，保证一条枝蔓留 1 ～ 2 个发育饱满、颜色鲜绿、有一定生长空间的果实（若留两个果，则两个果之间的距离要大于 20cm，且不在同一棱上）。

13. 果实套袋

开花授粉 10d 后，将萎蔫的花瓣剪除，疏去僵果、畸形果，保留健壮幼果；用厚度 0.02 ～ 0.04mm 的聚乙烯透明塑料袋套袋。套袋前用 70% 甲基硫菌灵可湿性粉剂 1000 倍液和 40% 毒死蜱乳油 800 倍液对全株喷雾 1 次。

14. 主要病虫害防治

主要病害有溃疡病、茎腐病、黑腐病、炭疽病、黑斑病、茎枯病、基腐病、果腐病、根腐病等，主要虫害有实蝇、斜纹夜蛾、蜗牛、蚂蚁、蚜虫、蚧壳虫等。依照以农业防治、物理防治、生物防治为主，化学防治为辅的防治原则。

15. 采收与贮藏

（1）采收期　采收期主要集中在 7 ～ 10 月。需要长距离运输的可适当早摘，一般果皮转成暗红色后即可采摘，只需短期存放的可适当延后采收。一般果皮完全变红 1 ～ 3d，呈现出光泽再采摘，此时果顶盖口会出现皱缩或轻微裂口。

（2）采收时间　以晴天上午、露水干后为宜。

（3）采收方法　采果时，用枝剪由果梗部位剪下并附带部分茎肉，轻放于果筐中。同一批果 1 ～ 3d 采完。采收的果实应及时运到阴凉的地方。

（4）采后贮藏　采收后立即剔除病虫果、裂果、次果、机械伤果等不合格果，分级后放入清水池中冲洗干净，然后装筐或包装入库。设定贮藏温度为 5 ～ 10℃，相对湿度 80% ～ 90%，可贮藏 20d 以上。

（何永梅，李绪孟）

第十二节
桑椹生产技术规范

一、典型案例

桑椹，又叫桑果、果桑、桑枣等，是桑树的果穗。自古以来被作为水果和药材，药食同源，营养丰富，酸甜可口，药性平和。中医认为，桑椹味甘性寒，具有生津止渴、滋阴补血、明目安神等功效。目前已开发出桑椹汁、桑椹酒、桑椹酱、桑椹果冻、桑椹醋等产品。

湖南悦悦生态种养殖专业合作社，是益阳市赫山区泉交河镇一家从事水稻、蔬菜和果树种植，以及牛、羊、鸡、鸭、甲鱼、龙虾等养殖的立体种养殖合作社，于2017年1月成立，负责人为徐勇（图1），该社用牛粪、羊粪发酵加入稻草养殖蚯蚓，用蚯蚓喂养鸡鸭，蚯蚓粪作蔬菜果树的肥料。在水果种植方面颇具特色，种植有桑椹、乌泡子、无花果、梨、李、桃、柑橘等。其中桑椹基地有20余亩，主要品种为目前国内流行的无籽大十、台湾长果桑等，目前已进入盛产期，每到产品上市季节，吸引城区的消费者来果园自采（图2），品种对路，数量有限，产品常供不应求。除了鲜食，还开发了桑椹干制品（图3）以及桑椹酒（图4），并注册"铁扇公主"商标。

图1　合作社负责人徐勇

图2　桑椹上市季节消费者来果园自采

图3 桑椹干制品

图4 桑椹酒

二、技术要点

1. 苗木繁殖

(1) 品种

① 无籽大十（图5） 广东省农业科学院蚕业研究所育成。桑椹果大、质优、高产、无籽。单芽果数 5 ～ 6 个，果长 3 ～ 6cm，果径 1.3 ～ 2.0cm，单果重 3.0 ～ 5.0g，紫黑色，果味酸甜清爽。一般 5 月上旬成熟，采收期约一个月，果叶兼用，盛产期亩产桑果 1500kg，产桑叶 1500kg 左右。

② 台湾长果桑（图6） 中国台湾选育，果实成熟后紫红色，果长 8 ～ 14cm，单果重 10g 左右，果径 1.2cm，鲜甜爽口，采收期一个月左右，盛产期亩产 1600kg 左右。

(2) 繁殖方法

① 扦插繁殖 采用夏季扦插或春季扦插均可。

图5 无籽大十果桑

图6 台湾长果桑

夏季扦插。5月中旬采用半木质化的新梢，剪成20cm长的插穗扦插培育。

春季扦插。2月中下旬采用木质化的枝条，剪成20cm长的插穗扦插培育。

② 嫁接繁殖　选用优良品种的枝条，于2月采用一芽接穗与桑树进行插皮接，接后直接定植到苗圃。

（3）**苗木质量**　选用苗木根茎粗度1cm以上，根系发达，有粗根3条以上，冬芽饱满和无病虫害的一年生嫁接苗或扦插苗。

2. 定植

（1）**定植时间**　苗木10月底落叶后到翌年3月上中旬发芽前，除土壤封冻期外都可定植。

（2）**定植密度**　栽培密度株距为1.35～1.5m，行距2m，每亩250～300株。

（3）**定植准备**

① 苗木消毒　定植前应整理苗木，主干高度以40cm为宜，剪除过长部分，修剪断裂粗根、过长细根。根系用70%甲基硫菌灵可湿性粉剂700倍液消毒，苗木用3～5°Bé石硫合剂消毒。

② 挖定植沟或穴　平整土地、深翻50cm以上，整畦。开挖深50～60cm、宽60～70cm的定植沟，分层施入切碎的稻草、麦秆等作物秸秆及充分腐熟的农家肥，与土充分混合。

也可挖长、宽、深为60cm×40cm×40cm的定植穴，将表土、底土分开堆放，每穴用腐熟农家肥5～10kg与底土拌匀后，再覆表土后定植。

③ 栽植方法　将苗木放于定植点上，根系向四周理顺，扶正苗干，边填表土边轻轻上提、踏实。宜浅栽，根系埋入土中不足10cm，以嫁接口露地为宜，定植后将土回填成馒头状压实，浇足定根水。

3. 土肥水管理

（1）**土壤管理**　适宜土壤pH值为6～7.5，若pH值＜5.5，结合冬翻每亩施生石灰50～75kg。

① 松土、除草　在夏伐后、冬季土壤封冻前分别耕翻，深度10～25cm，夏浅冬深。

幼苗时最好使用人工除草，以树为中心40～50cm为半径净周边杂草。果树成年后要除草2～3次，分别在3月、5月底6月初、9月进行，用人工或机械除草。

若采用化学除草，宜选择在3月前（芽前）、桑园土壤湿润时进行，可选用40%丁草胺乳油100倍液喷雾畦面，每亩用药液50kg。杂草生长期，可用41%草甘膦水剂200倍液喷雾畦面，每亩施药液70kg，应注意避免药液喷洒到桑叶。

② 土壤覆盖　5月底，用稻草或秸秆等有机物覆盖树盘，厚度20～30cm，每亩500～750kg，以降低地温、保持土壤湿润。也可采用全园种植牧草的方法。

（2）**追肥管理**

① 春肥　2月初，每亩追施三元复合肥（15-15-15）50kg，或浇施腐熟大粪、猪尿

等液体肥料 2000kg；3 月中下旬施长果肥，每亩追施三元复合肥（15-15-15）30kg、氯化钾 5kg，或桑树专用有机无机复混肥 50kg，施肥后及时浇水。并结合防治菌核病的药剂加 0.3% 磷酸二氢钾进行根外追肥。

② 夏肥　6 月下旬至 7 月初夏伐后，每亩追施三元复合肥（15-15-15）40 ～ 50kg、尿素 40kg，或桑树专用有机无机复混肥 100kg，施肥后及时浇水。

③ 秋肥　8 月中旬，每亩追施三元复合肥（15-15-15）30kg 和氯化钾 5kg，施肥后及时浇水。

④ 冬肥　每亩施充分腐熟厩肥 2000kg，或生物有机肥 1000kg 加饼肥 100kg，提倡绿肥套种。

追肥要注意离树 50cm 左右（可根据树大小调整施肥量和距离）。在生长期，结合防病叶面喷施 0.3% 尿素、0.2% 磷酸二氢钾、0.2% 硼砂等肥料溶液 2 ～ 3 次，间隔 15d 左右，单独或混合使用。

（3）**水分管理**　桑园沟系为墒沟、腰沟、中心沟组成的三级沟系，应沟沟相通，级差分明，能排能灌。

① 灌溉　不同生长期，在萌芽期及夏伐后应及时灌溉，可采用浇灌、小灌促流、沟灌、滴灌等方式，使 0 ～ 40cm 土层土壤湿度达到田间持水量的 65% ～ 85%。

② 排水　当土壤湿度达到饱和田间持水量时要及时排水，采用明沟排水，使田间无积水。

4. 整形修剪

（1）**树形养成**

① 速成养成法　苗木粗壮、肥培管理达标的，可两年养成。

第一年，春伐定于 20 ～ 25cm，留 2 ～ 4 个壮芽，在新芽抽长到 30 ～ 35cm 时摘心，摘心后每根摘心条再抽长 3 ～ 4 根新梢，当年养成 6 ～ 8 根有效枝条配置的骨干枝架。

第二年，收获桑椹后提早夏伐，离地高度 70 ～ 80cm 定拳，拳数为 6 ～ 8 个，形成第二枝干，当年养成 8 ～ 15 根有效枝条。以后每年齐拳夏伐。

② 常规养成法　苗木级别低，或者肥培管理未达标的，需三年养成。

第一年，春伐 10 ～ 15cm 定干，养成 1 ～ 2 根枝条。

第二年，收获后离地 60cm 提早夏伐，养成 6 ～ 8 根枝条。

第三年，离地 80cm 提早夏伐，使拳数为 6 ～ 8 个，以后每年齐拳夏伐。

（2）**夏伐整形**　水平夏伐（图 7、图 8），在同一水平上合理配置桑拳，利用粗壮枝条补缺拳；新梢长达 20 ～ 30cm 时合理疏芽。

（3）**冬季整修**　夏伐后萌发的新梢，在冬季树体进入休眠期时，每株保留结果母枝 10 ～ 30 根，并将其顶端不充实部分短截 20 ～ 25cm。锯除死拳、枯桩、过弱小枝、病虫枝，集中销毁。

（4）**摘心**　春季新梢抽长以后要进行两次摘心：第一次，在 4 月中下旬新梢长到

图7　夏伐　　　　　　　　　　　图8　桑园夏伐后的状况

5～6叶时，摘除生长芽鹊口状嫩芯；第二次，在5月上旬前期补摘心，摘除重新萌芽抽生的生长芽芯。

5. 新梢管理

春季在萌芽展叶3～5片时进行，夏季在夏伐后萌芽展叶3～5片时进行。萌芽期抹除副芽、隐芽、不定芽，分2～3次进行。生长季节疏去弱枝、过密新梢。

6. 花果管理

抹除结果母枝基部果粒、病虫果、畸形果。按叶果比1：1定果，每根结果枝留果5～7粒。

7. 主要病虫害防治

（1）**农业防治**　结合冬季修剪，清除地面枯枝落叶。雨后及时排水，降低田间湿度，增施磷、钾肥。

（2）**物理防治**　人工捕捉体形较大或达不到防治指标田块的害虫，采集群集性为害的幼虫或卵块，及时彻底摘除病叶、病枝、病果，集中烧毁或深埋，拔除病毒植株。

（3）**化学防治**　清园消毒，2月底3月上旬桑树萌芽前，用1～3°Bé石硫合剂，或45%晶体石硫合剂80～100倍液喷洒植株和地面。

① 菌核病（白果病）　早春开花初蕾期，可选用50%乙烯菌核利可湿性粉剂1000倍液，或20%腈菌·福美可湿性粉剂2000～3000倍液、70%甲基硫菌灵可湿性粉剂1000倍液、42.4%唑醚·氟酰胺悬浮剂2000倍液、50%咪鲜胺锰盐可湿性粉剂1000倍液等交替喷雾3～4次，每隔7～10d一次。从1年生到3年后盛产每亩喷药量为200～400kg，芽叶、枝干和地面都应喷匀喷到。药剂中添加5%有机硅增效剂可提高药效。采果前15d停用。

② 褐斑病　当新梢展叶3～4片时，用75%甲基硫菌灵可湿性粉剂1200倍液喷雾1次。以后用40%氟硅唑乳油5000倍液，或10%苯醚甲环唑水分散粒剂1500倍液喷雾，每隔10～15d喷1次。

③ 炭疽病　4月上中旬，用10%苯醚甲环唑水分散粒剂1500倍液，或50%咪鲜胺锰盐可湿性粉剂1000倍液交替喷雾。间隔10d左右喷1次。

④ 白粉病　夏伐后，可选用20%三唑酮乳油1500倍液，或10%苯醚甲环唑水分散粒剂1500倍液等喷雾。间隔10～15d喷1次。

⑤ 美国白蛾　在幼虫发生期，可选用50g/L氟虫脲可分散液剂1000～1500倍液，或5%氟啶脲乳油1000～1500倍液、5%虱螨脲乳油1000～1500倍液、20%虫酰肼悬浮剂1000～1500倍液、240g/L甲氧虫酰肼悬浮剂1500～2000倍液等喷雾防治。

⑥ 桑天牛、黄星天牛等　7～10月间捕杀成虫或刮除枝干上的虫卵。用铁丝刺入新鲜排粪孔，向下刺到隧道端，反复几次刺死幼虫，或用5%顺式氰戊菊酯乳油（或50%辛硫磷乳油）20倍液浸棉球塞入蛀孔，每孔注入稀释液10mL，再用湿泥封闭孔口，熏杀幼虫。

⑦ 桑螟　6月下旬、7月下旬、8月下旬、9月中旬均要注意防治，在幼虫2龄末期尚未卷叶前喷洒80%敌敌畏乳油1000倍液或90%晶体敌百虫1000倍液、50%辛硫磷乳油1000倍液。

⑧ 桑尺蠖、桑虱、桑象虫　3～4月每间隔10d左右，用2.5%高效氯氟氰菊酯乳油2000倍液喷雾防治。

⑨ 红蜘蛛、茶黄螨　7～9月，用73%炔螨特乳油2000倍液，或15%哒螨酮乳油1500倍液等喷叶片背面。

8. 采收

（1）**采收标准**　当浆果已充分发育成熟，果实呈现品种成熟时特有颜色，鲜食果可溶性固形物含量12%以上，加工用果可溶性固形物含量8%以上，选择晴天采收，在早上露水干后或傍晚进行，避免在雨天采果。

（2）**采收方法**　采摘时，应戴符合卫生要求的一次性聚乙烯薄膜手套，手指连柄轻轻一拨，直接采落在洁净卫生的果篮或聚乙烯包装盒中。

（3）**分级**　采收时不摘伤果、畸形果、特小果和病虫果，按果实大小分别装篮。

（4）**包装**　包装容器应坚实、牢固、防雨、防潮、防晒、干燥、清洁卫生、无霉变、无异味；一般用木箱、瓦楞纸箱、钙塑箱或泡沫塑料箱。每筐（箱）10kg以内，以桑椹不挤压为准。

（5）**运输**　运输应快装、快运、快卸，严禁日晒雨淋，装卸、搬动时要轻拿轻放。运输工具应清洁、干燥、无异味。

（6）**贮藏**　桑椹应随采、随装、随运、随销。不能立即销售的应置洁净、凉爽、有防虫和防鼠设施的地方存放。常温下贮放时间不超过24h，低温（4～10℃）下贮放时间不超过36h。不能当天上市的鲜果，应在0～1℃冰温中保鲜贮存。

（何永梅，李绪孟，黄腾蓉）

第十三节
茶叶基地低改技术

一、典型案例

低产茶园是指凡单位面积产量及产值均低于当地或本单位平均水平的茶园，茶树在正常栽培管理水平下，常规茶园经济年限一般为40～50年，中高产期可持续20～30年。随着树龄增大，茶树细胞衰老，同化能力减弱，物质代谢水平下降，驻芽频率增多，茶叶品质较次，也有部分新建茶园建园不当、管理不善，出现未老先衰或提前老化、低产低质的现象，可通过改土、改树和改种等措施改造低产茶园，提高茶园产量和茶叶品质。

益阳市赫山区华湘茶叶种植农民专业合作社，位于新市渡镇跳石村浮田洲组，负责人卜才华（图1），合作社致力于将茶场打造成绿色茶叶基地、茶文化旅游休闲地、茶产品观光示范基地的多模式园区。规划按照"一园四区"进行布局："一园"即高产优质示范茶园；"四区"即观光休闲区、茶产品加工、采茶制茶体验区、茶文化展示区。园区现有茶园总面积1480亩，绿茶、黑茶生产厂房3000 m²。合作社产品绿茶王、毛尖（图2）、黄金茶（图3）分别通过了中国绿色食品发展中心的绿色认证，注册商标为"银赫"。

图1　合作社负责人卜才华在查看机采茶质量

图2　合作社毛尖茶产品

图3　合作社重新换种的黄金茶产品

合作社茶叶基地始建于 1973 年，时为跳石茶场，距今已有 48 年历史，属老茶低产园，合作社自 2006 年接手后，发现该基地存在品种杂、茶叶产量低的问题，需通过树体改造，更新茶树树冠与根系。合作社即把老茶低产园的改造当作重要工作，通过砌坎保土与加培客土，改良茶园土壤，配方施肥等措施，引进推广无性系良种，积极推广病虫害绿色防控，进行水肥一体化改造，提高机械化程度等，达到提质增效的目的。现将合作社茶园低改措施总结如下，以供同类型低产茶园改造参考（图 4）。

图 4　低改后的华湘茶园

二、技术要点

1. 低产茶园类型

（1）**建园不当茶园**　因建园不当而致未老先衰的幼龄茶园。如选择坡度过大、水土流失严重、土层浅薄、土壤结构性差、土壤酸碱度不适宜、养分贫乏等不利于茶树生长的地方植茶，而导致茶树成活率低、幼树生长缓慢，呈"小老树"状态，树冠覆盖率低。

（2）**管理不当茶园**　因抛荒或管理不当而致树势早衰的青壮龄茶园。如因长期管理粗放，过度采收，以致茶树生机不旺、育芽能力差，大茶树早衰、小茶树未老先衰等。

（3）**自然老化茶园**　树龄超过 30 年以上，反复多次复壮改造后生长势未能改善的老龄茶园（图 5）。

2. 提质改造

（1）建园不当茶园的提质改造（改土）

① 治水保土　对茶园覆盖度小、水土流失量大的茶园，应修筑道路和水沟横坎，建立道路网和排蓄水系统（图 6）；幼龄茶园可种植绿肥。若是 30°以上的陡坡低产茶园，最好退茶造林。

② 深耕改土　通过深耕能疏松土壤，增加活土层和孔隙度，提高蓄水能力和透气性。对普通成龄茶园改造，可深耕 20 ～ 30cm；对台刈茶园改造，可深耕 50cm。时间宜在 9 月～ 10 月下旬，深耕结合增施有机肥和磷、钾肥，以增加有机质，改善土壤结构，提高土壤肥力。

图5　亟需更新的老茶园

图6　茶园修建保土沟渠

③ 加培客土　以苗圃地更为常见，添加的新土多为荒地红沙土或黄沙土，但添加新土成本高，工作量大，大面积栽茶难以实施。一般单行条植茶园配客土深20cm、宽30cm，每亩地培客土约27m³；双行条植茶园培客土深20cm、宽60cm，每亩地培客土约54m³。

④ 调酸碱度　对于pH值低于4的茶园土壤，可采用施白云石粉、生石灰等调节土壤pH值至4.5～5.5的范围；对于pH值高于6的茶园土壤，应多选用生理酸性肥料或硫黄粉调节pH值至4.5～5.5的适宜范围。

⑤ 定型修剪（图7）　根据树势情况，采取2～3次定型修剪优化树冠，每次剪去主枝（不剪侧枝），并在上次剪口基础上提高10～15cm剪平，修剪间隔时间为1年。

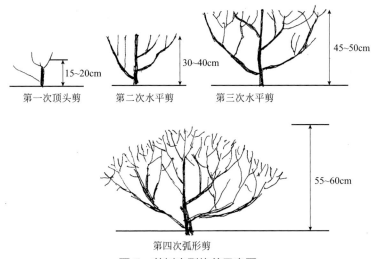

图7　茶树定型修剪示意图

第一次修剪，于2月中旬至3月上旬或扦插苗移栽后立即进行，定植时树高25cm左右，在离地面15～20cm处施剪，只剪主茎，不剪侧枝，要求剪口平滑、向内侧倾斜，剪口下有分枝的留柄宜短。

第二次修剪，于第一次定型修剪一年后的 2 月下旬至 3 月上旬，树高达 45cm 时，在第一次定型修剪的剪口上提高 15 ～ 20cm，即剪去离地面 30 ～ 40cm 以上的一级分枝，从留下的一级分枝上发出的分枝（二级分枝）不剪。

第三次修剪，从第二次定型修剪一年后的 2 月中旬至 3 月上旬，树高达 60cm 以上时进行，在第二次定型修剪的剪口上提高 10 ～ 15cm，即在离地面 45 ～ 50cm 处施剪，将根颈和树蓬内的下垂枝、弱枝剪去。剪成水平树冠。

剪后管理：幼龄茶树经过三次定型修剪后，重修剪、台刈复壮后茶树经过定型修剪后，第四、第五年以养为主、采摘为辅，春季打顶轻采，秋季用水平剪或弧型修剪机，将树冠剪成弧形。深施有机肥和磷肥，新梢萌发时，及时追施催芽肥。

⑥ 补植缺株　低产茶园缺株断行（图 8）比较普遍，必须采取有效措施进行补植。增加茶树种植密度和覆盖度，是提高单产的有效途径。补缺可用 2 年生大苗和老茶树移植至一起等方法。补缺时间最好在茶树休眠期（10 月中下旬至翌年 2 月）。补植时必须进行深耕，施足底肥，在补植沟（穴）内加客土或拌有磷、钾的有机肥。

图 8　茶园缺株断行现象

（2）管理不当茶园的提质改造（改树）

① 深修剪（图 9）

a. 目的和对象　茶树经连年采摘和轻修剪后，树高增加过快，冠面枝条过分密集而瘦弱，茶蓬内徒长枝、鸡爪枝多且蓬面参差不齐，育芽能力减弱，萌发的茶芽瘦小，对夹叶增多，经轻修剪不能形成合理冠面的茶园。

b. 时间　在春茶结束后进行（5 ～ 6 月）。深修剪周期视茶园管理水平和茶蓬生产枝育芽能力而定。管理水平高，生产枝育芽能力强的，可适当延长深修剪的周期；相反，则应缩短深修剪周期。对于采摘大宗茶的茶园，周期控制在 5 年左右；对于采摘名优茶的茶园，周期可控制在 2 ～ 3 年；对于量质并重的茶园，周期以 4 年为宜。

c. 方法　用篱剪或修剪机修剪，中小叶品种剪去树冠表面 10 ～ 15cm 的鸡爪枝层；大叶品种剪去树冠表面 20 ～ 30cm 枝叶。修剪器具要锋利，剪口要平滑，避免枝条撕裂。在深修剪的同时，应对茶蓬修边，剪去行边无效枝。

d. 剪后管理　深修剪当年留养 1 ～ 2 季，再打顶轻采，加强肥培管理，及时防治病虫害。

② 重修剪（图 10）

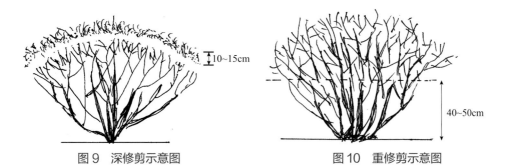

图 9　深修剪示意图　　　　　图 10　重修剪示意图

a. 目的和对象　茶树经过多年的采摘和多次轻、深修剪，上部枝条的生活力逐渐降低；树龄较大、树势较衰老，蓬下出现徒长枝，蓬面鸡爪枝、节节枝多，对夹叶大量产生，品质产量下降；部分枝条有苔藓、地衣、病虫及自然灾害致树势损伤较重；树势增长过快，不利于茶树生长与采摘，影响产量品质的茶园。

b. 时间　春茶后修剪，一般应在 5 月上旬前结束修剪，春茶前次之。

c. 方法　剪去树冠的 1/3 ～ 1/2，通常是离地 40 ～ 50cm 处，用修剪机、果枝剪等剪去上部枝条，重新培养树冠。

d. 剪后管理　重修剪后，全面进行清园、中耕。剪前的秋、冬季应施足基肥（以有机肥为主），剪后要立即施肥。剪后当年不采茶，秋末可适当打顶；剪后 2 ～ 3 个月，当新梢长到 20cm 以上、新梢基部 5cm 左右半木质化，在重修剪剪口上提高 5cm 进行定型修剪，秋末气温降低、新梢进入休眠期时进行一次轻修剪，第二年可正常采摘。对于采摘大宗茶的茶园，修剪周期为 9 ～ 10 年，中间进行一次深修剪为宜；对于采摘名优茶的茶园，一个重修剪的周期内以进行 2 ～ 3 次深修剪为宜。

③ 台刈（图 11）

a. 目的和对象　树龄大，树势衰老、茶树枝干灰白，枝条上布满苔藓、地衣，叶片稀少，多数枝条丧失育芽能力，产量低、质量差；病虫等自然灾害严重损伤树势，枝条大量枯死；管理不当未形成骨干枝而未老先衰的茶园。

b. 时间　最佳时间在立春前后，其次是春茶后，以春茶快结束时为宜。

c. 方法　中小叶品种茶树离地 5 ～ 15cm、大叶品种茶树离地 20cm，用锋利器具刈去以上部分。

d. 剪后管理　台刈前施足基肥，台刈后必须加强管

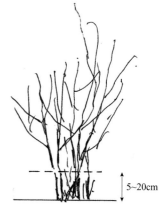

图 11　台刈示意图

理。剪后清兜。第一年留养，进行疏枝，留下粗壮的 5～8 枝，保留新枝当年留养；第二年春茶前或后离地 30～35cm 进行定型修剪；第三年离地 45～50cm 再定型修剪一次，春茶打顶轻采，夏秋茶留叶采摘；第四年起轻修剪，开始正常采摘。

（3）自然老化茶园的提质改造（改种）

① 改造树体　参照管理不当茶园的提质改造进行。

② 重新换种（改植换种）　对一些适宜种茶，但由于茶园基础太差、树龄严重衰老或品种低劣的，可采用重新换种，改建无性系茶园（图 12）。先挖除老茶树，清除全部根系，再重新规划建园。老茶园挖去老茶树后，在原地暴晒 7d 左右后，粉碎还田，作为底肥深埋底层。定植前，再仔细清除土壤中残留枝叶根茎，清洁土壤，防止残留物对新植茶树的危害，并在此基础上，深翻土地。一般茶树栽培时需要挖 30～40cm 种植沟，沟内铺上稻草或其他秸秆作为底肥，再施菜籽饼之类的有机肥。

图 12　重新换种无性系茶树

③ 套植换种　套植换种的茶园，先将老茶树重修剪或台刈，再在茶行中间开沟施底肥与定植良种茶苗。待新植茶树覆盖率超过 60% 时，再挖掉老茶树。

④ 嫁接换种　利用低产茶园作为砧木的庞大根系的吸收能力，使接穗新枝生长远远快于改植换种的幼树生长，从而大大缩短成园时间，在茶叶生产中常被用于品种改良。嫁接具有成园提早、投资少、成本低、操作容易、成活率高等优点。该法在生产上应用不多。

⑤ 品种选择　可选用槠叶齐、保靖黄金茶、福鼎大白茶等。

3. 配套管理

（1）测土配方施肥，增施肥料　根据土壤测试结果、田间试验、茶树需肥规律、土壤供肥特点和茶叶生产要求，在合理施用有机肥的基础上，提出氮、磷、钾、中量元素、微量元素等肥料数量与配比及其适时、适法施用的施肥方法。每年对全部茶园进行取土化验，建立较完整的茶园土壤肥力数据库，与茶叶配肥师一起，根据化验结果提出和每年调整茶园配方施肥模式。

一般基肥施菜籽饼 150～200kg（或商品有机肥 150～250kg），并配施（18-8-12-2 或 19-5-21 等类似配比）茶树专用肥 40～60kg；春、夏、秋三季追肥均为尿素 8～10kg。

重修剪、台刈的茶园应在剪后，马上进行土壤的耕作施肥，改良土壤。待修剪后的新梢萌发时，及时追施催芽肥，促使新梢生长。在前期行间空隙较大时种植绿肥施入茶园。

（2）采用水肥一体化　茶园水肥一体化，可将水分和养料按照茶叶生长各阶段的不同需求，适时适量均匀地输送到茶树根部，满足茶叶生长所需的水分和养分供给。可实现肥料用量减少 50%，水量也只是沟灌的 30%～40%，降低湿度，提高地温，避免因浇水过大而引起病害发生，增产幅度可达 30% 以上。

（3）套种绿肥　春季种毛豆或伏花生等，秋季种紫云英、黄花苜蓿或肥田萝卜等。种植的绿肥不要太接近茶苗，绿肥在尚未完全成熟时收获，秸秆留在茶园内，翻埋入土，以培肥土壤。种植绿肥能充分利用土地资源，增加土壤覆盖度，改良土壤结构，培肥土壤，减少和防止水土流失。但种植绿肥或其他作物，不能主次颠倒，妨碍茶苗生长。

（4）留养树势　在树冠养成前进行定型修剪，直至树冠养成。

（5）合理采摘　茶树改造后，树高未达 60cm，树幅未达 120cm 时，坚持以留养为主，采用打顶培育树冠。

（6）病虫害防治　茶树修剪后，加强检查和病虫害防治，坚持预防为主、综合防治的原则，选用安全、高效、低毒农药。防治害虫可以采用灯光诱杀方法，采用色板黏虫防治茶尺蠖、茶蚜等害虫，性诱剂诱杀茶毛虫。在物理防治的同时，可以采用动物源、矿物源、植物源、微生物源农药等生物农药防治病虫害。这些农药的使用必须要在非采茶季节。11 月底用生物药剂对茶园进行封园，施药过程中，必须保证喷洒到所有的叶片、枝条上。石硫合剂不可以同具有酸性的药剂混用，也不可以让两种药剂的使用时间间隔过短。

（何永梅，李绪孟，张有民）

第十四节
生态茶园建设经验

一、典型案例

　　益阳市旺泰茶业有限公司成立于 2007 年 5 月，董事长罗跃飞（图1）。公司现有茶园 1100 亩，示范带动面积 5860 亩。公司坐落于益阳市赫山区泥江口镇荷叶塘村，远离城郊，无工业污染和环境污染，基地内的土壤是酸性，多为砂质壤土和紫色土壤，旺泰茶业生产基地土壤富含硒元素已经原国土资源部认证，是天然理想的茶叶种植基地（图2）。

图1　罗跃飞在茶园了解生长情况

图2　旺泰生态茶园一角

　　近年来，公司立足于生态茶园建设，茶旅文化相结合，吸引了来自省内长沙、株洲、湘潭等地以及江西省、湖北省的游客或旅游团队来公司进行采茶体验、亲子教育等，年接待游客 1.2 万余人次（图3）。

图3　茶旅文化相结合吸引游客参观体验

　　公司主要生产绿茶、黑茶、红茶三大系列 20 多个品种。其生产的"志溪春绿"牌名优绿茶及"益寿峰"品牌黑茶畅销全国（图4、图5）。"志溪春绿"商标为湖南省著名商标。公司获得了益阳市农业产业化龙头企业、湖南省"四化两型"富民强省明星单位、全国农民合作社加工示范单位、省级示范专业公司等称号。

图4 "志溪春绿"

图5 "益寿峰"黑茶

生态茶园是指以茶树作为主要物种，以生态学为指导，配置不同物种，配备完善相关设施，科学施肥，绿色防控，生态系统稳定、可持续利用的茶园。旺泰茶业在建设生态茶园方面的一些经验总结如下。

二、技术要点

1. 园区环境

（1）环境条件　茶园应远离城市、工矿区、居民区、交通主干线，避免空气、水源和固形物污染。茶树种植区与常规农业种植区之间应有 50m 以上宽度的隔离带，可以河流、湖泊、自然植被等作物作天然屏障。

茶树种植面积占茶园总面积的 60% ～ 70%，其他植物种植面积占茶园总面积的 30% ～ 40%。

（2）立地条件　气候适宜、光热充足，土壤疏松肥沃，pH 5 ～ 6.5，有机质含量在 1.5% 以上，表土层厚 20 ～ 30cm，排水良好。

（3）水质　茶园灌溉水质量应符合旱作农田灌溉用水水质要求，且水源充足。

2. 茶园建设

（1）区块划分　茶园根据地形地貌、坡度等自然条件，兼顾适宜性和美观性的原则划分区块，尽可能划成长方形或近长方形，以 10 亩左右为一块，茶行长度以不超过 50m 为宜。

（2）道路建设　道路分主干道、支道、操作道和环园道。

a. 主干道（图6）　茶园面积超过 $60hm^2$ 应设主干道，路面宽 6 ～ 8m，两旁开设水沟，种植常绿乔木型树木。主干道与园外道路连接。

b. 支道　支道是茶区划分区片的分界线，供园内运输、机具下地和小型机具行驶，路面宽 4 ～ 6m，与主干道相连。

c. 操作道（图7）　茶园划块的界线，与主干道或支道相连，供下地作业和运送肥料、鲜叶等物资，路面宽 1.5 ～ 2.0m，两操作道之间的距离宜为 50 ～ 100m。

图6　生态茶园主干道　　　　　　　图7　生态茶园操作道

　　d.环园道　茶园四周设环园道，作为茶园与周围农田、山林及其他种植区的分界线，路面宽2～3m，坡度较大处修成"S"形或"之"字形迂回而上。

　　（3）水利建设

　　a.蓄排水沟　茶园四周设隔离沟、横水沟和纵水沟。横水沟和纵水沟相接，纵水沟与隔离沟相通，隔离沟连接园外水渠、山塘。

　　隔离沟深80～100cm，宽50～100cm。园区每相距40～50m设横水沟（坡地沿等高线设置），宽50～60cm，深60～70cm。多片茶园间，道路两旁设纵水沟，深70～80cm，宽60～70cm。沟内每隔20～40m设沉沙凼，深60～70cm，长、宽70～80cm。山凹及主要道路内侧修建排水沟。

　　b.蓄水池　山路坡段较长时应增设蓄水池，每1～2hm²茶园设一个容量为5～10m³的蓄水池并与茶园内水沟相连。

　　c.灌溉系统　茶园宜设灌溉系统，可采用中压旋转式喷头喷灌等方式进行灌溉。

　　（4）生态建设

　　a.隔离带　在茶园四周保留或种植林木植被作为隔离带，一般宽度20～50m以上。

　　b.防风林　茶园上山口、山脊保留或种植林木植被作为防风林，宽度5～10m。

　　c.行道树和遮阴树　道路两边或一边种植行道树及遮阴树，行道树种植间隔为3～5m，遮阴树以种植与茶树无共生病虫害、一级分枝高度大于2m、不影响茶园作业的常绿乔木为宜，如杉树、樟树、桐树等，种植规格为每亩6～7株，株行距为10～12m。

　　d.绿肥类　茶园内裸露、荒秃的空地，以及幼龄、重修剪、台刈茶园等生产茶园空地宜保留自然植被或适当种植茶肥1号、白三叶草、玉米草、紫云英、黑麦草等绿肥。

　　e.天敌类　宜人工引入部分茶园有益生物，不应引入通过基因工程技术获得的物种。

　　f.有益土壤动物　茶园内适当放养蚯蚓等有益土壤动物，并为其营造适宜生长的环境。

　　3. 茶园开垦

　　生态茶园的开垦应选择坡度25°以下的地块。坡度15°以下的缓坡地等高条植式开垦（图8），茶行长度50m左右；坡度15°～25°的坡地，宜按等高水平线筑梯级茶园（图9），梯面宽度最小1.5m，梯高小于1.5m，梯壁斜度60°～80°。梯面外高内低（呈2°～3°反向坡），并设有内沟，与外沟相通（图10）。

图8　缓坡地等高条植　　　　　图9　梯级茶园

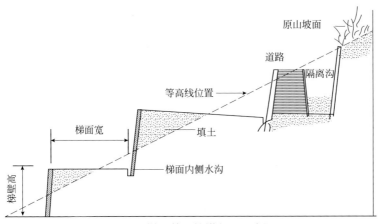

图10　梯级茶园的横断面示意图

初垦翻耕深度宜60cm以上，清除荒地内的灌木、荆棘、杂草等物。熟地开垦，先挖除作物，清除残留根系，深翻土地60cm以上，暴晒30d，并用甲基硫菌灵，或多菌灵、杀线虫剂等进行消毒处理。

在种植茶苗前进行一次复垦，深度30～40cm，同时进一步清除树根、草根、杂草等杂物，碎土整平。

4.茶树种植

（1）品种选配　选择适制黑茶的茶树品种，如槠叶齐、尖波黄13号、桃源大叶、福鼎大白茶等，茶园面积大于100亩，应注意合理搭配早、中、晚生品种，主导品种2～3个。

（2）种植　茶苗定植时间为每年10月下旬至翌年3月上旬，避开冰雪天气种植。

新垦园地施足基肥，施肥时开种植沟（穴），沟（穴）深、宽 50 ～ 60cm，每亩用腐熟厩肥等农家肥 3000 ～ 5000kg、菜籽饼肥 200 ～ 250kg、硫酸钾型三元复合肥 100 ～ 120kg 混合后分层施入，施肥后覆土 20cm，待土壤沉实后定植。

采用单行或双行条植方式种植，单行条植适于陡坡窄幅梯坎茶园，行距 1.5m，丛（株）距 25cm，每丛种茶苗 1 ～ 2 株，每亩种植茶苗 2500 ～ 4500 株。双行条植适于缓坡或宽幅梯坎茶园，行距 1.5m，丛距 30 ～ 33cm，两小行茶丛交叉排列，每丛种植茶苗 1 ～ 2 株，每亩种植茶苗 5000 ～ 5500 株。

茶苗定植要做到"地不平不栽，土不细不栽，土不润不栽，病苗弱苗不栽，晴天烈日不栽"。定植前开定植沟。茶苗出圃或定植前可将茶苗距根颈处 20cm 以上的主枝剪去。用生根粉混合的泥浆蘸染茶苗根部，种植时根系自然舒展，定植时一手扶直茶苗，深 40cm 以上，宽 30cm 左右，一手将土填入沟中将根须覆盖，再轻提茶苗使根系舒展，然后再覆土踩紧踏实。短穗扦插茶苗须根多，但无主根，应适当深栽，以母穗桩头刚好不露出土面为宜。定植后 3 ～ 4h 内浇足定根水，再培土至与茶苗剪口短茎持平。

定植后及时进行行剪，剪口高度离地 15 ～ 20cm，保留 3 片左右叶片，茶行内铺草覆盖，覆盖材料可用茅草、秸秆等，每亩用量 1000kg。

5. 茶园管理

（1）茶园耕作 幼龄茶园耕作：根据茶园杂草及土壤情况，离茶树两边茶苗根颈 30 ～ 35cm 处的行间及时进行浅耕、除草，浅耕深度为 5 ～ 10cm。为提高茶园覆盖度，减少水土流失等，可适当间作一些农作物，如茶肥 1 号、紫云英等绿肥。幼龄茶园覆盖地膜，可以起到控草、保水、增温的作用。

成龄茶园耕作：每个茶季结束后进行中耕、除草，深度为 10 ～ 15cm；秋冬季结合施基肥深耕，深度为 20 ～ 30cm，每年或隔年进行 1 次。

土壤深厚、松软、肥沃，树冠覆盖度大、病虫草害少的茶园可实行减耕或免耕。

（2）茶园施肥 茶园宜多施有机肥料，复合肥料与有机肥料应配合施用。氮、磷、钾配合施用时，成龄采摘茶园宜（4 ～ 5）：1：2，幼龄茶园宜 2：1：1。每年施肥 3 次，秋冬季施基肥、春茶前追肥、夏茶前追肥。

基肥一般在当年 10 月下旬 ～ 11 月结合茶园深耕开沟施入，每亩施农家肥 3000 ～ 4000kg（或有机肥 200 ～ 300kg，或菜籽饼 100 ～ 120kg，或沼渣 1500 ～ 2500kg，或沼液 2000 ～ 2500kg），茶树专用肥（氮磷钾镁 18-8-12-2 或类似配比）40 ～ 50kg，必要时配施一定数量的矿物源肥料和微生物肥料，开沟 20 ～ 30cm 施入。平地或宽幅梯级茶园在茶树种植行中间开沟施肥，坡地和窄幅梯级茶园在上坡位置或梯级内侧开沟深施。

分别于春茶萌发前 15 ～ 20d 和夏季 5 月上中旬各追肥一次，每次每亩施尿素等速效氮肥 10 ～ 12kg，逢雨撒施。

为增强茶树冬季养分贮藏，提升春茶营养储备，可冬春两季结合施用叶面肥。冬季喷施 2 次，11 月下旬喷施 1 次，间隔 2 周后再喷 1 次；春季喷施 2 次，2 月底（春茶新梢萌发前）喷施 1 次，间隔 2 周后再喷 1 次。如 1%～2% 尿素，或 0.5%～1% 硫酸铵、0.5%～1% 磷酸二氢钾、0.5%～1% 硫酸钾溶液等，每亩用液量 45～60kg，在喷施上述叶面肥的同时可辅以硼、锌、镁微量元素。或氨基酸类叶面肥，按商品说明用清水稀释至相应浓度，每亩用液量 45～60kg。或腐植酸叶面肥，按商品使用说明用清水稀释至腐植酸有效成分为 2% 的浓度喷施，每亩用液量 45～60kg。

幼年期适当增施氮肥和有机肥，可抑制早花现象。

（3）茶园灌溉 茶树根系集中土层含水率下降到田间持水量的 80%，或高温季节日平均气温在 30℃左右、水面蒸发量 ≥ 9mm 持续 7d 以上时，要及时进行灌溉防旱，干旱无雨季节，每 7～10d 灌溉 1 次，灌水量 800m³/hm² 以上，一次性浇透。灌溉时间为上午 10 时前或下午 5 时后。若配施肥料，切忌浓度过大，尿素浓度应控制在 1% 以内。

有条件的，可因地制宜采用喷灌、滴灌系统，或者水肥一体化系统。

（4）树冠管理 茶树修剪分为定型修剪、轻修剪、深修剪、重修剪和台刈。

① 定型修剪 新种植的幼龄茶树或台刈更新后茶树，采用定型修剪培养宽阔健壮的骨架。定型修剪一般进行 3～4 次。第一次在茶苗移植时或次年春芽萌动前进行，剪口高度离地 18～20cm 平剪；第二次在第一次定型后茶树生长至 40cm 以上时进行，剪口高度离地 30～35cm 平剪；第三次在第二次定型后茶树生长至 50cm 时进行，剪口高度离地 40～45cm 平剪或弧剪。剪后要结合耕地、肥培管理、病虫害防治等。

② 轻修剪 轻修剪每年可进行 1～2 次，宜在春茶及秋茶生产结束后进行；轻修剪应结合边行修剪。

③ 深修剪 对投产多年树冠产生大量鸡爪枝的茶园，或蓬面枝叶枯焦、脱叶的茶园，应采用深修剪进行树冠改造。时间为立春前或春茶采摘后，深度在蓬面下 10～15cm。

④ 重修剪 对树势日趋衰退、产量逐步下降的投产茶园可重修剪，在春茶后至 5 月底前进行。衰老茶树一般剪去树冠高的 1/3～1/2，重新培育树冠，剪后应立即增施有机肥，每亩施菜饼或有机复合肥 100kg。

⑤ 台刈 用于树势严重衰老的茶园，宜在春茶快结束时抓紧进行，将衰老茶树地上部分枝条在离地 5～15cm 处全部刈去，剪口力求平滑，并略倾斜。

⑥ 剪后管理 修剪枝叶留在园内培肥土壤。病虫枝条和粗干枝应清除出园，重修剪或台刈茶园应在剪后立即增施有机肥。

⑦ 留养 树冠改造后的茶园应加强留叶养蓬，加快形成投产树冠。深修剪后茶园应在 2～3 个茶季内实行打顶采，每季留大叶 1～2 叶。重修剪后当年夏、秋茶留养不采，秋末对离地 45～50cm 新枝进行打顶采。台刈茶园参照幼龄茶园管理。

⑧ 合理采养 投产茶园应采养结合，茶树叶层厚度保持在 15～25cm。

⑨ 其他修剪 对茶园内树木、草及绿肥作物进行合理修剪，使其不影响茶树正常生长。

（5）病虫害控制

① 防治原则　从茶园整个生态系统出发，综合运用生态调控、农业防治、物理防治、生物防治、化学防治等各种防治措施，以创造不利于有害生物滋生和有利于各类天敌繁衍的环境条件，维持生态系统的平衡和生物多样性。

② 生态调控　保护茶园中的草蛉、瓢虫、蜘蛛、捕食螨、食蚜蝇、步甲、食虫蝽、寄生蜂、寄生蝇、鸟类和蛙类等有益生物。

通过茶行间种植茶肥 1 号等绿色植物或其他经济作物，结合农事操作为茶园天敌提供栖息场所和迁徙条件，保护天敌种群多样性。

③ 农业防治　分批、多次、及时采摘。及时摘除嫩梢、嫩叶，减少侵染源。勤锄杂草，合理修剪，剪除分布在茶丛中的病虫枝，集中于茶园外销毁。秋末结合深耕施基肥，增施有机肥和钾肥。地势低洼、靠近水源的茶园及时排水。秋冬采用石硫合剂或波尔多液等封园。种植害虫诱集作物，集中杀灭害虫。

④ 物理防治

a. 人工捕杀　捕杀茶毛虫、茶尺蠖、卷叶蛾类、蓑蛾类、茶丽纹象甲等目标明显和群集性强的害虫。

b. 灯光诱杀　在茶园安装太阳能杀虫灯，每 50 亩茶园配置一盏，于 4 月下旬～10 月底开灯，每天傍晚开灯 6～8h，可诱杀茶尺蠖、油桐尺蠖、茶黑毒蛾、金龟甲、茶毛虫等趋光性明显的害虫。

c. 色板诱杀　成虫发生期扦插黄色黏板诱杀黑刺粉虱、广翅蜡蝉、茶蓟马、茶小绿叶蝉等害虫，每亩扦插黄板 6～10 个。

d. 吸虫器捕杀　使用吸虫器（机）收集茶小绿叶蝉、黑刺粉虱等小型害虫，集中处理。

e. 性信息素诱杀　使用性信息素诱捕器诱集茶毛虫、灰茶尺蠖、茶小绿叶蝉等害虫。

f. 糖醋液诱杀　利用害虫趋化性，诱杀茶卷叶蛾、地老虎等成虫。

⑤ 生物防治　有条件的使用生物源农药，如微生物农药、植物源农药和动物源农药。如用白僵菌、拟青霉、韦伯虫座孢菌、头孢酶等真菌制剂防治茶角胸叶甲、象甲、茶小绿叶蝉等害虫，选用苏云金杆菌、杀螟杆菌、青虫菌、短稳杆菌等细菌制剂防治茶尺蠖、茶毛虫、茶刺蛾等鳞翅目害虫，选用茶尺蠖、茶毛虫等病毒制剂防治茶尺蠖、茶毛虫等鳞翅目害虫，选用苦参碱、鱼藤酮、藜芦碱等植物源农药防治茶尺蠖、茶毛虫、茶刺蛾、小绿叶蝉、茶蚜等害虫。

⑥ 化学防治　按照"先查后打，边查边打，小孔点杀"的原则，必要时进行区域性的化学防治。

（6）自然灾害防控

① 冻害　及时关注天气预报，有条件的采用冬灌，通过保持土壤 0～20cm 土层中 15% 以上的含水量，减轻冻害；用稻草、杂草、修剪的茶树枝条、薄膜、遮阳网等覆盖土壤或茶蓬，土壤覆盖以每亩铺草 400～500kg 为宜；喷施抑蒸保温剂。

冻害解除后，要增施早春肥，喷施叶面肥等，早春肥应在 2 月下旬至 3 月上旬尽早施下，施肥量比常规早春肥适当增加。成龄茶园每亩施尿素 25 ～ 30kg，或普通复合肥 50kg（氮磷钾总养分 ≥ 25%），或高浓度硫酸钾型复合肥 30kg（氮磷钾总养分 ≥ 45%）。幼龄茶园施肥量是成龄茶园的 1/4 ～ 1/3。

叶面肥喷施，选用 0.1% ～ 0.2% 硫酸锌，或 0.1% ～ 0.3% 硫酸镁、0.5% ～ 1% 磷酸二氢钾、0.5% ～ 1% 尿素等。也可选用喷施宝、爱多收等植物营养液。时间选在 3 月 10 日前阴天或晴天早晚，喷施后 8 ～ 10h 内无降雨。

对受冻严重的茶树进行修剪，剪去冻害层，冻轻轻剪，冻重重剪，冻害轻微的，春茶前可以不修剪。

② 旱害　加强肥培管理，提高茶树抗旱能力；旱季来临前进行中耕除草，耕作深度 5 ～ 10cm；适时追施速效肥料，每亩施复合肥 15 ～ 20kg，也可喷施 0.5% 尿素或多元素液肥 2 ～ 3 次；间作大豆、花生、绿豆等绿肥，在茶园行间种植杜英等阔叶树种遮阴，每亩 6 ～ 8 株；茶园铺草，最好把茶行间所有空隙都铺上草并以铺草后不见土为原则，铺草厚 8 ～ 10cm。有条件的平地、缓坡地茶园，旱季可用遮阳网遮阴，离地 1.8 ～ 2m 搭架，遮阳网高出茶树蓬面 50 ～ 60cm；采用喷灌、滴灌、浇灌、流灌等措施。

旱情解除后，及时中耕施肥，补充养分，剪去受害干枯的枝叶，注意病虫害防治，尽量在低温来临前恢复生长势。

③ 涝害　茶园淹水及池塘倒灌等，应及时排水，并清理茶树及叶片上的淤泥。

6. 鲜叶采摘

（1）采摘标准　根据茶树生长特性和绿茶、黑茶等对加工原料的要求，适时采摘，采留结合。肥培管理较好的茶园 4 ～ 6 年生茶树每亩可生产干茶 50 ～ 100kg；10 年生左右茶树，在一般肥培管理条件下，每亩可生产干茶 100kg 以上；15 ～ 18 年生茶树，每亩可生产干茶 150kg 以上；20 年以上的茶树，产量开始下降。

（2）采摘方式　手工采摘或机械采摘，采茶机应使用电动或无铅采茶机。

（3）鲜叶管理　采用清洁卫生、通气良好的竹篮、篓筐等用具盛装鲜叶，及时运送，标注品种、产地、采摘时间及操作方式。

7. 加工及包装

加工及包装过程应符合清洁生产要求，防止茶叶产品二次污染。

（何永梅，李绪孟，李亚荣）

第十五节
藤茶生产与加工经验

一、典型案例

藤茶（图1），是指以葡萄科蛇葡萄属显齿蛇葡萄种茎叶为加工原料（图2）制成的代用茶，俗称莓茶，又称神仙草、土家甘露茶、神奇草、长寿藤茶。藤茶既是一种中草药（参见《湖南省中药材标准》），又是新资源食品［参见原国家卫计委《关于批准显齿蛇葡萄叶等3种新食品原料的公告》（2013年第16号）］。藤茶可应用于祛风除湿、利尿、消炎，治疗痈疮肿痛、跌打、烫伤、慢性肾炎、肝炎、小便涩痛、胃热呕吐、感冒等疾病。其主要活性成分二氢杨梅素占资源干重的20%～30%，具有抗氧化、镇痛、止咳、消炎、保肝护肝、降血糖、降血压、降血脂、增强人体免疫力以及抑制肿瘤等多种功效。藤茶饮后先苦后甘，回味甘凉，咽喉感觉非常舒服，因而近些年越来越受到大众的喜爱，种植和饮用藤茶的群体越来越多。特别是显齿蛇葡萄被国家确定为新资源食品以来，藤茶的研究、人工种植、开发应用呈快速发展状态。

图1 藤茶种植基地

图2 藤茶嫩叶

2013年，张家界市土特产电子商务协会会长、张家界旺盛商贸有限公司法人夏盛（图3）回到家乡益阳市赫山区泥江口镇水满村发展藤茶产业，成立益阳神奇草养生茶业有限公司，在当地流转土地100余亩，投资400多万元建设厂房，购进先进设备，开始了藤茶种植—加工—销售的全产业链发展。

在此基础上，夏盛也最早进行了芽尖莓茶（图4）的推广，他动员农户舍弃每千克不到20多元的老叶莓茶，只采芽尖，做成每千克600多元的高端莓茶，并且预付货

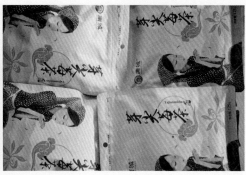

图3　夏盛在基地讲解采摘标准　　　　图4　芽尖莓茶包装

款进行包销。为了扩大莓茶销量，他几乎用了所有网络上的营销方法，对藤茶行业在中国的快速发展起了很好的促推作用。2020年，在"新冠"疫情的影响下，夏盛的神奇草茶业藤茶销售收入仍达到近千万元。十几年在藤茶行业的深耕，让夏盛对藤茶产业的前景充满了信心，他决心把藤茶这个小众产品做成大众喜爱的快消品。

二、技术要点

1. 插条准备

（1）**规格与质量**　可选用色泽正常，无断枝、干枝、杂枝，茎粗0.3～0.5cm的2～3年生枝条。插条以早晨采集为好。

（2）**剪枝**　秋季落叶完后可开始剪枝（一般以10月下旬至翌年1月上旬，气温不低于10℃时为宜），枝条长度大于30cm，上端离芽0.5cm剪成斜口，下端剪成平口，两端口距节0.5～1.0cm（图5），剪口要平整，插条要随剪随扦，并将基部浸入清水中遮阴待用。

图5　用于扦插的藤茶枝条

（3）**假植**　选择排灌方便、土质肥沃的砂质壤土耕地作苗床，深耕细锄做畦，畦宽100～120cm，畦高20～30cm，畦沟宽40cm，沟深30cm，畦面平整。浇水后将剪好的枝条按5cm×5cm株行距假植冬储，地上枝留1～2个节，扦插时先用木棍或竹签打孔，直插或斜插，枝条入土深度15～20cm，插后及时浇透水，并视温度情况加盖遮阳网或加拱棚覆盖以提高温度，插后前期要用2～3层遮阳网。

插条发根最适的土温为20～25℃，一般插后10～15d插条就开始生根，15～20d后可进行移栽。如不进行移栽，后期要减少遮阳网层数，40～50d后保留一层，早晚及阴天打开以增加光强促进苗木生长。

也可直接选用硬枝条移栽大田。

2. 建园

（1）**选地**　选择向阳通风、排灌方便，疏松深厚，pH 值 5.5 ～ 7.5，有机质含量丰富的砂壤土或轻黏壤土为宜。

（2）**整地**　移栽前 5 ～ 10d，选晴天翻耕晒地，深耕 30cm 以上，深耕后晾晒 5 ～ 10d。

（3）**除草**　将深耕后的土地在种植前人工去草去杂（禁止使用除草剂），排除田间积水。

（4）**挖沟**　藤茶树不耐渍，一定要开挖好"三沟"，做到"三沟"配套，雨住田干。其中围沟宽 50cm，深 40cm，每隔 10m 开 1 条宽 50cm、深 40cm 的腰沟。

（5）**施肥**　每亩施腐熟农家肥 4500 ～ 5000kg（或商品有机肥 500 ～ 1000kg），磷肥 50 ～ 100kg，分层施于种植沟中。先在种植沟内回填表土，然后将肥料与底土充分混合后施入，在酸性太重的土壤条件下可结合施基肥，加施适量的石灰。按 110cm 行距铺施基肥再起垄，垄高 25 ～ 30cm。

（6）**覆膜**　起垄后浇透底水，表面落干后，用 0.12mm 以上厚度的黑色膜或双色膜覆盖严实。

3. 扦插

（1）**时间**　立春后，连续 5d 以上气温不低于 10℃时，开始扦插，连续 5d 以上且最高气温超过 22℃时，不宜扦插。一般要在当天，最迟第二天内把种苗全部栽完，若时间放久了，种苗水分过度丧失，会降低成活率。容器苗可以一年四季进行移栽，夏秋季移栽时要加强水分管理。

（2）**浸枝**　选取萌芽枝条打捆，枝条下端在浓度为 300 ～ 500mg/L 的生根粉溶液中浸泡 5min。药剂随插随蘸，并用清水冲洗。

（3）**方法**　畦面居中单行打孔，株距 40 ～ 80cm，扦插入土深度 15 ～ 20cm，地上部分留 1 ～ 2 节，扦插后压实孔穴（图 6）。一般每亩 500 ～ 800 株左右。分级移栽，栽后及时浇定根水。

4. 田间管理

（1）**打顶**　幼苗新梢 20 ～ 30cm 时，打顶 1 次。

（2）**浇水**　看天看地浇水，要保持土壤在整个生长期湿润，注意防涝抗旱。一般每隔 30d 注意浇水保墒一次，夏季每隔 7d 不下雨要浇透水一次。

（3）**中耕除草**　在藤茶萌芽至枝长

图 6　田间扦插后成苗效果图

10～15cm 时适时中耕除草，每隔 1 个月中耕除草 1 次。7～8 月停止除草。严禁使用除草剂除草。

（4）**追肥**　第一年移栽的种苗，在 5 月下旬开沟施稀淡腐熟粪尿 2000kg，开沟深 15～20cm 施入，然后覆土。

从第二年起每年 4、6 月各开沟施一次充分腐熟的稀淡腐熟粪尿肥，每次每亩 1000kg 开沟 15～20cm 施入，然后覆土。或每年 10 月每亩沟施腐熟农家肥 2000kg，开沟深 20～30cm，然后覆土。或 3～8 月施三元复合肥（15-15-15）40～60kg，分 3～4 次施入，建议采用大量元素水溶肥（20-20-20）20～30kg，分 3～4 次结合浇水施入，肥效利用率高，效果更好。

喷施促梢肥。在春季温度变高、树体新梢幼叶开始萌发时，喷施尿素等速效氮肥或大量元素水溶肥料等速效复合肥（20-20-20），以促进新梢萌发和新叶生长，提早采摘时间 3～5d，提高采摘量 10% 以上。一般可每采一次新梢后，即喷施一次促梢肥，一直可持续到 8、9 月，树体新梢萌发基本停止为止。

（5）**搭架**　当第一年藤茶叶采摘后要开始搭架，在两垄中间的沟里每 3～5m 插一 1.8～2m 长的水泥桩或竹桩，地下埋 40～50cm，在桩与桩间 1.2～1.5m 高处用铁丝连接绑紧，每株藤茶边插一根竹竿，上端与铁丝绑紧，将藤茶外露的藤蔓绑在竹竿上。

（6）**修剪**　藤茶树生长的前 2 年应进行 3 次定型修剪，分别在每年的 2～3 月或 10～11 月进行。当茶树长到 30cm 以上、主干粗 1cm 时，第一次修剪，修剪距地面 15cm 高的主枝；第二次修剪距地 40～45cm 的一侧侧枝的分枝；第三次修剪距地面 50～60cm 的二级分枝的主枝。以后每年修剪 1 次即可。

（7）**改植换种**　当藤茶树采摘 9～10 年后，可考虑重新换种。连根除去老植株，重新翻土，剔除残余树根，培肥土壤后，再移栽新苗。

5. 采收

（1）**采摘时间**　4～8 月采摘嫩茎叶，9～10 月采收老嫩叶片。

（2）**采摘方法**　采摘嫩茎叶时提手采，采摘长度 3～8cm，每隔 10～12d 采摘 1 次，用于制作毛尖藤茶。10 月中旬最后把叶子全部采摘下来，只采摘复叶，可带小叶叶柄和复叶叶柄，不带木质化的茎和枝，可做成颗粒藤茶。

6. 农家传统加工

（1）**鲜叶摊放**　鲜叶采收后，要及时用竹筛摊放在清洁卫生、通风良好、避免阳光直射的地方，至叶表面干爽、无明水，叶片表面轻度凋萎为度。摊放厚度 15～20cm。没有经过水洗处理的鲜叶，一般以摊放 6～8h 为宜，不宜超过 10h。

（2）**杀青**　掌握"高温杀青、多抖少焖"的原则。将锅加热至锅温 100℃ 左右时，加入少量生茶油，用抹布均匀抹开，再加清水清洗至锅面光滑清洁。将锅加热到 150～160℃ 时投入鲜叶，一般高档鲜叶投入量在 0.25～0.5kg 时，锅温约 150℃。叶量少，锅温低；叶量多，锅温高。以鲜叶落锅时有起爆声为宜。双手（戴手套）将茶炒起，抖、扬、翻、炒等相结合，要求撩得高、抖得散、杀得透。针对鲜叶摊放的程度不等杀青时间不一，一般 5～6min，炒茶时，先快后慢，不能使杀青叶滞留在锅底，待芽叶质地变柔软，手握成团，伸开后可自然散开，闻不到青草气味，失去鲜叶原有光泽为适度。农家自制时，要特别注意火候，若锅温过高，可考虑适当加水，利用蒸汽杀青。

（3）**揉捻** 掌握"充分、适度、短时、轻揉"的原则。在大竹匾内对沥干的藤茶进行揉捻，按先轻、后重、最后轻，先慢、后快、最后慢的原则，至成条率80%以上，叶片表皮破损率达45%～55%，叶片表面出现白色浆液，手感有明显的黏糊状时为度。一般揉捻时间在20min左右。

（4）**焖青** 在灶内留有小火，使锅温保持在 40～50℃之间，倒入揉后的藤茶，摊放均匀，盖上锅盖，在此温度下维持 8～12h，每 1～2h 注意看火、翻面，至表面一层白霜时为度。农家的简易做法是用把揉捻后的藤茶用棉布包几层后放入棉被保温。

（5）**去梗后干燥** 经焖青解包后，制作芽尖莓茶的，应去掉粗梗，然后进行干燥。一般采用自然晒干，在太阳光下晒 5～8h，至产品干燥，表面有明显白霜（图7），手搓时叶片成粉末即可，冷却回润。遇阴雨天时，也可用 60～80℃的煤火、木炭火、电烤炉烘烤，15min 左右即可，前 12min 烘干机要采用留缝干燥，后 3min 要采取闭缝干燥。干燥后，冷却回润 1～2h，至水分分布均匀，即为成品（图8）。

图7 芽尖莓茶初加工干燥后起白霜 | 图8 藤茶初加工成品

（李琳，何永梅，欧迎峰）

第十六节
艾草人工种植经验

一、典型案例

艾草是菊科蒿属多年生草本植物，又名艾蒿、香艾、艾等，极易繁衍生长，耐寒耐旱，耐荫，喜温暖、湿润的气候，对土壤要求不严格。由于艾草不仅仅局限于药用，在食品、建材、家纺、日化等方面的用途也越来越多，人工种植艾草在全国各地迅速发展起来。

益阳市赫山区九二五艾叶种植合作社，位于九二五社区，合作社负责人蔡益丰（图1），有流转土地749亩种植艾草，此外，还在桃江县、沅江市等地有艾草基地500余亩，同时也负责赫山区其他乡镇零散种植的艾草回收。据在桃江县等多年的种植经验，种植艾草只有第一年的第一季成本相对较高，包括土地租金、种苗、翻耕、栽植、农药、除草、采收人工等，每亩需2000元左右，以后的批次成本仅需500元（除草、施肥、收割和日常维护），一年保本（产量相对较低），从第二年起，即可进入采收高峰，且种植一年可连续收获3～5年。正常年份，艾草每年3月老根茎上萌发，4月底即可收获第1茬，全年每亩可收3～4个批次，每个批次可收600～750kg，年亩收全棵艾草2t左右，每吨2400～2600元，每亩年收入3000～5000元，成本2000元左右，每亩年收益2000～3000元。目前合作社的产品主要是艾条、泡脚包等（图2），若进一步精加工，可获取更大的收益。

图1　合作社负责人蔡益丰在艾草基地了解生长情况

图2　艾条、泡脚包等粗加工产品

二、技术要点

1. 选择良种

良种（图3）要求叶片肥厚而大，茎

秆粗壮直立，叶色浓绿，气味浓郁，密被绒毛，幼苗根系发达。

2. 选地整地

（1）**选地** 以阳光充足、土层深厚、土壤通透性好、有机质丰富的中性土壤为最佳，肥沃、疏松、排水良好的砂壤土及黏壤土生长良好。此外，在丘陵等地区的荒地、路旁（图4）、河边及山坡等进行合理布局，坡地和平地均可种植，也可以在房前屋后、田间边角地种植。

图3 艾草良种　　　　　　　　　　图4 生于路旁的艾草

（2）**整地施肥** 将土壤深耕30cm以上。结合翻耕每亩施充分腐熟的厩肥或堆肥2000kg，用饼肥200kg或商品有机肥250kg加草木灰300kg进行沟施或穴施。或亩施腐熟农家肥4000kg（或商品有机肥500kg）、三元复合肥40kg。

（3）**做畦（厢）** 泥土耙碎后，开始整畦（厢）。做畦宽1.5～2.0m（包沟），畦宽0.3m，畦高15cm以上。每畦（厢）中间高、两边低（呈龟背形），高低差不超过1.5cm，便于排渍。

地块四周宜开好围沟，沟深50～60cm、宽50～60cm以上，便于旱时灌溉、涝时排水。丘块过长的还应抽腰沟，沟深40～50cm，宽40～50cm。要求做到三沟配套，雨住田干。

整地后，喷洒1次艾草专用除草剂（遇水分解），或72%异丙甲草胺乳油100mL/亩，兑水40kg喷雾，对杂草进行封闭杀灭，10～15d后即可栽苗。

3. 种苗繁殖

艾草的繁殖方法有种子繁殖、根状茎繁殖、分株繁殖等。生产上以根状茎繁殖和分株繁殖为主。

（1）**根状茎繁殖** 栽种期10～11月进行，也可在早春，畦宽1.5m左右，畦面中间高两边低，似龟背形。播种前要施足基肥，一般每亩施腐熟农家肥4000kg（或商品有机肥500kg），深耕与土壤充分拌匀，耕后即浇一次充足的底水。

在艾草芽苞萌动前，挖取多年生地下根茎，将全根挖出，选取新鲜幼嫩的根状茎，掰成 10 ～ 15cm 长节段，晾半天，用浓度为 20mg/kg 的生根粉水溶液浸泡立即捞出，堆放在遮阴处待栽。栽时按行距 40 ～ 50cm 开沟，把根状茎按株距 20cm 平放于沟内，再覆土 5cm 厚镇压，若为沙土地则覆土 8 ～ 10cm。土壤较干的栽后应及时浇水，出苗后及时松土、除草和追肥。栽种前要浇一次透水。根状茎繁殖成活率高，但苗期较长（约 1 个月）。

（2）**分株繁殖** 一般一株艾一年能分蘖成几株至几十株，因此，生产上大部分采用分株繁殖的方式。2 ～ 3 月，由根茎生长出的幼苗高 5 ～ 10cm 时，选地面潮湿（最好是雨后或阴天）的天气，从母株茎基分离幼苗，按株行距 30cm×40cm 栽苗，或挖取艾草全株按照株行距 30cm×45cm 种植。

4. 栽植

普通种植行株距为 45cm×30cm（5000 株/亩），也有的种植较密，每穴 2 ～ 3 株；密植行株距为 45cm×15cm（10000 株/亩）；合理密植行株距则为 45cm×20cm（7000 株/亩），每穴 1 株。黏性较大的地块，种植深度 5 ～ 8cm 左右；砂土地种植深度 8 ～ 10cm。

栽后用 3% ～ 5% 的稀薄人粪尿或沼液浇施定根水，栽后 3 ～ 6d 内视天气情况再浇 1 ～ 2 次水。

分株移栽的一般在早春进行为佳，也可在夏、秋季节进行，如夏季 6 月下旬至 7 月中旬栽植，株行距 20cm×30cm，亩栽 6000 株；秋季 7 月下旬至 10 月上旬栽植，以冬前长出新根又不旺长为原则，一般株行距 20cm×20cm，每亩栽 8000 株。

5. 田间管理

（1）**查苗补苗** 一个月以后，要观察苗情，有死苗或者缺苗，就要补苗。

（2）**中耕与除草** 开春后，当日平均气温达到 9 ～ 10℃，艾根芽刚刚萌发而未出地面时（及时拨开地表观察），保持一定的墒情，用喷雾机全覆盖喷一次艾草专用除草剂封闭。待艾苗长出后，若仍有杂草，则在 3 月下旬和 4 月上旬各中耕除草 1 次，中耕深度不得大于 10cm，艾草根部杂草需人工拔除。

第一茬收割后，对仍有杂草的地块，用小喷头喷雾器，对艾草空隙间的杂草进行喷杀，防止喷溅到艾草根部。第二茬艾芽萌发后，仍有少量杂草的，人工除草。

苗后茎叶除草，可当日平均气温达到 9 ～ 10℃时，每亩用 10.8% 精喹禾灵乳油 60mL+56% 2 甲 4 氯钠粉剂 30g，兑水 40kg 喷雾。

（3）**追肥管理** 每茬苗期，最好在苗高 20 ～ 30cm 时（具体时间依长势而定），选雨天每亩沿行撒施尿素 6 ～ 8kg，若是晴天则用水溶化薅施（浓度 0.5% 以内）或叶面喷施；遇到湿润天气，追肥也可与中耕松土一起进行。

化肥催苗仅适合第一年栽种的第一茬，以后各生长期（即二季、三季等）不得使用化肥，以免降低艾草品质。每采收 1 茬后都要追肥，追肥以腐熟的有机肥为主，适当配以磷钾肥，一般每次每亩施三元复合肥 15 ～ 20kg 或沼液、沼渣 500kg。

11 月上旬，最后一茬收割后可亩施入农家肥或厩肥 2500kg 作基肥。

（4）水分管理　艾草喜潮湿，怕水渍，应勤清沟，保通畅。如遇久旱无雨天气，应做好防旱护苗工作，苗高 80cm 以下时进行叶面喷灌；苗高 80cm 以上则全园漫灌。每次追肥后及时浇水。

（5）掐尖　为防止艾叶跑秧和养分流失，苗高 65cm 时，人工掐尖，能促使艾叶茎秆健壮，产出的叶片大而肥厚，叶脉更加明显，叶柄更长。

6.病虫害防治

艾草的病虫害主要有蚜虫、梨冠网蝽、夜蛾类、白粉病、叶斑病、霜霉病、叶枯病、锈病等，应采用农业、物理、生物防治手段，改良生产条件，搞好田间卫生，施用有机肥，控制化肥用量，加强田间管理，及时中耕除草，抗旱排渍，掌握病虫发生动态，适时施药保护。原则上，应严格控制用化学农药防治艾草病虫害，除非迫不得已的情况下，再考虑选用低毒、残留期短的化学农药进行防治。

（1）蚜虫　可每亩用 2% 苦参碱水剂 30mL，或 1.5% 除虫菊素水乳剂 30mL，兑水 30kg 喷雾。

（2）梨冠网蝽　可选用 70% 吡虫啉水分散粒剂 10000 ～ 15000 倍液，或 1.8% 阿维菌素乳油 2500 ～ 3000 倍液、1% 甲氨基阿维菌素苯甲酸盐乳油 2000 ～ 3000 倍液、25% 吡蚜酮可湿性粉剂 2000 ～ 3000 倍液等喷雾，间隔 10d 喷 1 次，连喷 2 次。

（3）夜蛾类　在卵孵高峰期，可选用 $3×10^{10}$ PIB/g 斜纹夜蛾核型多角体病毒水分散粒剂 10000 倍液，每亩用量 8 ～ 10g，每代每次用药 1 次。或 2.5% 多杀霉素悬浮剂 1200 倍液、0.6% 印楝素乳油每亩 100 ～ 200mL、$4×10^{10}$ 个孢子 /g 的白僵菌每亩 25 ～ 30g、100 亿个孢子 /mL 的短稳杆菌悬浮剂 800 ～ 1000 倍液等喷雾防治。

（4）白粉病、叶斑病　发病前、发病初均可喷施 1.5% 多抗霉素水剂 100 倍液，或 1% 蛇床子素乳油 200g/ 亩，或 $1×10^{11}$ 芽孢 /g 枯草芽孢杆菌可湿性粉剂 30 ～ 40g/ 亩。连续用药 2 ～ 3 次，间隔 8 ～ 10d。

（5）霜霉病　可用 75% 百菌清可湿性粉剂 600 倍液，或 58% 甲霜·锰锌可湿性粉剂 650 ～ 1000 倍液喷雾防治。

（6）叶枯病　整个生长期都可发病，但高温高湿易发病，可用 50% 硫菌灵可湿性粉剂 800 ～ 1000 倍液，或 30% 甲霜·噁霉灵水剂 1500 ～ 2000 倍液喷雾防治。

（7）锈病　发病初期，每亩选用 12.5% 烯唑醇可湿性粉剂 5 ～ 6g 兑水 50kg 喷施，或用 250g/L 嘧菌酯悬浮剂 1000 倍液喷施。注意在收割前 20d 要停止用药。

（8）斑枯病　发病初期，每亩选用 25% 咪鲜胺乳油 12 ～ 16mL，或 10% 苯醚甲环唑水分散粒剂 4g，兑水 50kg 喷施，间隔 7d 一次，连续 2 ～ 3 次。收获前 20d 停止喷药。

7.采收

艾草因用途不同，采收方法不一致。作食用的仅采摘苗期嫩叶芽或成株期的顶部嫩芽供食用；用于饲料添加的，应在植株未现蕾前采收供饲用；用于端午节扦门眉的，一般采收 1 ～ 1.2m 高植株（图 5）；药用的在整个季节内均可采用；粗提物用于防治农作物害虫或晒干收购的，应在植株现蕾而未开花时采收（图 6）。收割后的植株不宜放在烈日下晒，应将收后植株摊在较为阴凉的通风处自然风干，当植株晾干至含水量 14% 时，便可打包（捆）销售，也可将采收的艾草充分晒干后，充分捣碎，使之呈细碎的棉絮状，筛去灰尘、粗梗和杂质，制成淡黄色洁净柔软的艾绒销售。

图 5　适宜收割的艾草

图 6　现蕾未开花的艾草植株

（1）**采收期**　作艾绒用的艾叶是嫩艾，应在农历 4 月上旬采收。外灸内服等药用艾叶在端午节前后 3d 的 12:00 ～ 14:00 采收，提取挥发油用的艾草可加嫩茎一起采收。

艾叶夏季采收，第一茬收获期为 6 月初，于晴天及时收割，割取地上带有叶片的茎枝，除去杂质和枯叶，并进行茎叶分离，扎成小把，再摊放在太阳下晒至足干。叶片含水量小于 14% 时，即为全干，扎成捆，或者低温烘干，打包。置于干燥处存放，防潮、防霉，商品以足干、呈皱缩状、多叶片、枝条小、青绿色、气香、味苦、无泥沙、无杂质、无霉坏者为佳。

7 月中上旬，选择晴好天气收获第二茬，下霜前后收取第三茬，并进行田间冬季管理。以后每年 3 月初在地越冬的根茎开始萌发，4 月下旬采收第一茬，每年收获 4 ～ 5 茬，至 11 月上旬最后一茬收割结束。一般平均每亩每茬可采收 750 ～ 1000kg，全年合计亩产 3750 ～ 5000kg。

（2）**采收方法**　有人工采收和器械采收。人工采收品质高，但存在产量低、耗时长、难储存的缺点，大面积采收不推荐人工采收。器械采收速度快、用工少、产量高、储存方便，规模化生产可使用。采收时，不能伤动艾草的根茎。收获高度应为株高 40 ～ 60cm，高地面 7 ～ 10cm 处割取，平摊；堆置阴凉处，防止霉烂变质与牲畜为害。

（3）**包装贮存**　应选用干净麻袋作为外层包装材料，用竹片定型、铁丝打包。打包后应贮存于干燥、清洁、阴凉、通风、无异味的专用包库中。

（何永梅，李绪孟，孙立波）

第十七节
毛竹笋用林丰产培育技术

一、典型案例

　　益阳市达源家庭农场有限公司，坐落于林业资源丰富的益阳市赫山区泥江口镇，是一家以毛竹笋用林、南酸枣果用林、中药材种植、林下养殖为主营业务的生态林业企业。公司负责人为李武军，农场在泥江口镇辖区建有泉山基地与国庆基地，示范基地占有林地面积共1300余亩，建有1000亩的楠竹笋用林示范基地（图1）、200亩的果用南酸枣套种优良油茶林示范基地、10亩果用南酸枣育苗基地和年加工鲜笋50万千克的自动化高标准生产线2条（图2）。公司注册"泉山"商标，产品主要有"泉山"牌笋丝（图3）、笋干（图4）、笋罐头、南酸枣糕等，笋产业营业额达300万元左右，

图1　达源农场笋用林基地一角

图2　达源农场鲜笋加工生产线之一

图3　"泉山"牌笋丝

图4　笋干

亩年产值 2000 元以上。在示范带动作用下，赫山区 21 万亩竹林逐步开发转型为笋用林，产值将达到 11.7 亿元左右。

毛竹主产于中国，是分布范围广、经济价值大的散生型优良竹种。毛竹笋富含纤维及各种营养成分，分冬笋、春笋，以冬笋为最佳。毛竹笋富含蛋白质和可食性纤维素，含有大量的维生素，铁、钙、磷等矿质营养元素，糖分及脂肪等，其中蛋白质含量高达 15.23%，纤维素含量 6% ~ 8%，与一般食品相比，其脂肪含量较低，仅为 2.46%。竹笋所含蛋白质经水解后可得到 18 种氨基酸，其中 8 种氨基酸为人体所必需。毛竹笋已开发加工出笋干、笋丝、烟笋、酸笋、淡笋、笋衣、罐头笋、咸盐笋等众多系列食品。

笋用竹林是指以生产竹笋为主产品、竹材为副产品的竹林，就其丰产措施而言，不外乎有土肥管理、竹林结构调整和科学挖笋三个方面。

二、技术要点

1. 土肥管理

（1）土壤垦复　通过深翻林地，将林内的树蔸、竹筏蔸和老竹鞭挖除，改善土壤理化性质，为竹鞭孕笋长竹创造一个疏松的空间。对于荒芜毛竹林的改造和毛竹笋用竹园的培育，实施这项技术尤为重要。因为荒芜竹林往往只重视砍竹、挖笋，疏于培育，致使竹林杂灌众生，树蔸、竹筏蔸和衰老竹鞭充斥林地，影响了竹林的行鞭发笋，造成断鞭和鞭节短缩等现象，导致竹林衰败。垦复将有效改善林地的土壤状况，从而提高毛竹林产量。毛竹笋用林，大多选择在低山缓坡，土层深厚、立地条件比较好的地块。垦复松土可充分发挥土壤的生产潜力。

① 垦复作业方式　类似于造林整地，毛竹林垦复分为全垦、带垦和块状垦复（块垦）三种。全垦指的是对林地进行全面垦复，通常适用于坡度 20°以下的较平缓竹林地。带垦是指对林地进行水平带状垦复，通常带宽和带距 3 ~ 5m，分 2 ~ 3 年完成全林垦复，适用于坡度 25°~ 30°的坡地竹林。块垦是指对陡坡地，在不宜带垦的情况下，仅仅挖林内的竹蔸、竹筏蔸和石块的作业方式。

② 垦复作业季节　正常生长的毛竹林以两年为一生长周期，出笋具明显的大小年现象。对于材用毛竹林来说，通常是选择毛竹林出笋大年的冬季实施垦复。因为此时期正是无冬笋孕育的时候，垦复作业不会对翌年的竹林产量造成负面影响（翌年林地不出笋）。而且冬垦可直接击毙越冬害虫，或击破土茧，使其暴露于各种天敌和严寒气候而死亡，有效降低下年的虫口密度。笋用竹林或是笋竹两用林的经营，由于挖笋作业，改变了毛竹大小年生理，使竹林年年发笋长竹，所以实施冬季垦复，也可以结合挖冬笋一同进行。既挖了冬笋，又抚育了竹林。

另一垦复季节，为有新竹完成抽枝长叶后的 7、8 月。因为此时即便是垦复作业伤及了幼龄鞭，损伤的竹鞭仍能有时间在当年长出健壮的岔鞭，对整个竹林系统损害较小。

③ 垦复深度和频度　通常毛竹林的竹鞭入土深度都在15～30cm，故要求毛竹林垦复松土需达到30～40cm，并尽可能地将树蔸、竹筏蔸和发黑、发褐的老竹鞭清除。其中也可以劈半蔸或打通竹蔸部位的节隔，加速竹蔸腐烂。切记不能进行浅锄，避免出现跳鞭不良现象。在深垦过程中会挖掉一些老鞭甚至挖伤一些新鞭，但由于疏松了土壤，促进了鞭系的生长发育，反而是林地鞭大幅度增长。

对于因杂灌丛生和多年没有松土实施垦复，竹林内滋生的小灌木、杂草，不仅与竹鞭生长争夺营养、消耗地力，而且增加林地下障碍物。应适量保留林内混生的窄冠型阔叶树，在7～10月劈山或削山2次，垦复每隔5～6年进行一次，尽可能把杂草翻埋土中，使其腐烂作为肥料，可增加土壤有机质含量，疏松土壤，改善林地水肥条件。除草时，应避免损伤竹鞭和笋芽。连年垦复将会过度伤及竹林地下系统，对竹林生长不利。

（2）科学施肥　毛竹生长快，消耗土壤养分多，由于每年砍伐竹材和挖掘竹笋，一定数量的土壤营养元素被带出林外，所以需要补充一定数量恰当配方的营养物质。竹林施肥按目的可分为催笋肥、行鞭肥、催芽肥和孕笋肥。

① 施肥种类　可将大量的牛粪、厩肥、青草等施入竹林，培肥土壤。笋用林施有机肥培肥土壤，便于挖笋和垦复松土。有机肥是一种缓效肥料，能平稳地向植物供应各种养分和各种生长调节物质，特别适合像竹子这样营养生长过程贯穿了整个生长季的植物。毛竹林施用氮肥，具有明显的增产作用和较高的经济效益。

② 施肥季节　作为缓效肥料的有机肥，一般结合冬季的竹林垦复，开槽深施。粪肥可结合挖笋作业，施入笋穴。速效性化肥的施用在竹林出笋小年正值毛竹林换叶和孕笋期的6月和9月为佳。

③ 施肥方式　目前来说，毛竹林普遍采用的是带施或穴施的方法。带施为在林地每隔2m沿等高线水平开沟，宽20cm，深20cm，施入化肥、有机肥，施后随即覆土，压实。穴施是在竹竿基部上方约30cm处，开一半月形沟渠，宽15cm，深20cm，主要用于施化肥，施肥后覆土踏实。对于毛竹林来说，带施和穴施可称为集中施肥，这样可减少土壤对磷和钾的固定和氮的挥发损失。开沟和开穴时，顺带铲除了周围的杂草，可避免肥料的浪费。肥料应该施在竹子最易吸收利用的部位，减少肥料的流失和提高效果。发达的竹竿基周围的竹根、竹鞭上的鞭根都能很好地吸收水分和养分。

④ 肥料配比和施肥量　合理的施肥应该是既能保证作物对各种必需养分的充分需要，又有适宜的比例。为快速达到规定的立竹度和平均胸径指标，每年施肥2次，于孕笋年9～10月或竹笋春季出土前一个月施肥，第一次施基肥，以有机肥为主，在竹林鞭芽分化为笋芽及其萌发生长期（9～10月）进行，每亩施人畜尿粪4000kg，饼肥200kg，氮磷钾复合肥15kg。第二次追肥，时间为当年12月至翌年2月，即竹笋萌发期，将氮、磷、钾按5：1：2配施，一般每亩施尿素25kg，过磷酸钙和氯化钾各12kg，以促进幼笋生长，提高出笋量、成竹率和竹林质量。追肥一般在雨后晴天进行。

2. 竹林结构调整

竹笋在生长发育时期主要依靠母竹供给养分，母竹年龄直接影响竹笋的数量和质量。毛竹林要想保持竹笋稳产高产就要有一个合理的竹林群体结构，一是留有足够数量的适龄壮健竹群；二是协调的地下结构；三是光照充裕的林分群体，营养合成和贮藏能力才能较高。毛竹笋用林以每亩120～160株为宜，1度竹（1～2年生）占30%、2度竹（3～4年生）占30%、3度竹（5～6年生）占30%、4度竹（7～8年生）占10%的竹龄结构较为合理。

（1）**选留母竹** 母竹的选留应以中期出土的健壮无虫害的竹笋为好，这个时期出笋量多，质量好，成竹率高，从中均匀地选留健壮的竹笋培养母竹，每亩40～60株。若留前期笋作母竹，消耗养分多，影响后期出笋，后期笋质量差，成竹率低。

（2）**清理笋鞭** 夏秋季节，部分鞭梢伸出地面。大暑前露出地面的鞭发芽早，生长期长，鞭粗壮有力，发笋力强，此时竹鞭要以埋为主，以养新鞭，提高来年竹笋产量；大暑后露出地面的生长期短，比较细弱，发笋少，以挖为主，挖后填平鞭穴。

（3）**合理择伐** 主要包括以下几个内容：确定采伐时间、采伐竹龄、采伐方式、采伐强度和合理控制立竹密度。毛竹林是常见的异龄林，所以只能采用龄级择伐的方式。择伐应以1～5年生的蓄养、6～8年生的抽砍、9年生以上全部砍伐的原则进行。采伐时间最好为白露以后，此时低温干燥，毛竹生理活动弱，柔韧性能好，不易出现虫蛀。按砍老留幼、砍密留疏、砍小留大、砍弱留强的原则进行，先标记要砍伐的，然后再齐地伐倒。对于大小年很明显的毛竹，可以两年进行一次砍伐，在大年的冬季进行。对于花年的竹林还要选择竹叶发黄、即将换叶的小年竹株砍伐，不可砍竹叶浓绿的孕笋竹株。另外，在风大、冰雪频繁的地方，为防止风雪压倒竹竿，需对母竹进行钩梢，一般在10～12月进行。为保持立竹有一定的叶面积指数，钩梢强度要适当，一般钩梢后留枝不少于15盘。

3. 科学挖笋

（1）**春笋** 立春后出土的毛竹笋称为春笋，春笋分为潭笋和毛笋两种。笋尖未露地面者称潭笋，笋尖已露地面者称毛笋。春笋出笋期分为3个阶段，初期（2月上旬至4月上旬）、中期（4月中下旬）、后期（5月以后）。凡出笋初期和后期的春笋，因成竹的可能性很小，可以全部采挖。而中期出土的春笋，因个体大、健壮、生命力强，应选留大部分养育成竹，挖去小径笋、弱笋、浅鞭笋、歪头笋、小笋、退笋等。挖笋时不要伤害竹鞭、鞭根和鞭芽，挖笋后要立即覆土填平笋穴。在春笋出土中期的4月中下旬，选留个体粗大、健壮、无病虫害、无损伤、分布均匀的春笋养育新竹，其余部分可全部采挖利用。所挖春笋应及时转运，在当天剥壳蒸煮并在流水中浸泡后，晒干或烘干，不能过夜，否则笋体会老化变质。为了更好地护笋养竹，应在清明前后封山育竹1～2个月，严禁人兽危害春笋和幼竹。

（2）**冬笋** 一是全面翻土挖笋。此法可结合冬季松土进行细致深翻，可一次性挖掘。二是沿鞭翻土挖笋。要选定 3 ～ 4 年生的壮龄母竹，选择枝叶浓密、深绿叶中带有数片黄叶的孕笋竹，在其附近浅挖，找到黄色或棕色壮鞭后，沿鞭跟踪竹鞭向下伸的地方大多可找到冬笋。三是开穴挖笋。冬笋是春笋的前身，一般情况下，当鞭梢顶端向上斜伸、表土开裂、有少数露出地面时即可挖掘。

11 月前挖掉冬笋能促进竹鞭上其他笋芽的生长，挖过冬笋的竹，11 月分别在施肥沟中每隔 7 ～ 10d 挖 1 次笋。挖冬笋在休眠期截取顶端鞭梢，挖掘后覆土，并铺盖稻草，保持表土湿润，促一次性挖取，但最好是分两次挖取，初冬先挖一次，待进入休眠期，竹鞭分叉和生长，以利再次挖掘。

（彭德志，汤浪涛）

第十八节
油茶林抚育及低产林改造技术

一、典型案例

　　茶油是从野生木本油料植物油茶果提取而成，在我国古代属皇家贡品，油茶果采自常绿幽深、生态环境极佳的山林之间，尽吸天然养分，日月精华。油茶树对生长环境有特殊要求，产量极低，一般在 3～5kg/ 亩，盛果期需要 8～10 年。

　　益阳银河博发生态林业有限公司是一家致力于油茶开发的股份公司，成立于 2014 年 2 月，负责人何卫强（图 1），公司在新市渡镇自搭桥村流转林地 980 亩（图 2），种植油茶、蔬菜、果树，其中油茶 700 余亩。基地坐落在银河水库附近，水资源丰富，周围竹林环绕。基地采用太阳能杀虫灯等物理防控手段防治虫害，基肥和追肥采用腐熟的畜禽粪尿肥、生物菌肥等有机肥，施用生物农药，基本不施化肥和化学农药，产品定位于绿色、健康。此外，基地还建有休憩亭、木屋，可供游人留宿，年接待游客 2 万余人，朝着生态、旅游、休闲、康养发展，游客在基地游玩放松的同时，把产品带回去。公司多次对赫山区内油茶低产林改造进行技术指导，在油茶林的抚育以及低产林的改造等方面积累了较为成熟的经验，现分享如下。

图 1　公司负责人何卫强在茶园了解病虫害发生情况　　图 2　何卫强的油茶林航拍图

二、技术要点

1. 造林

　　（1）选地　一般选择海拔 800m 以下的山地，坡度 25°以下的阳坡或半阳坡地，坡

图3 选地

向宜为南向、东向或东南向。有效土层厚度60cm以上，土质疏松肥沃、排水良好、透气、保水，以pH值为4.5～6.5的酸性黄壤、红壤和砂壤为好（图3）。

（2）品种选择 选择适宜湖南地区种植的优良无性系油茶良种，如湖南省林业科学院选育的优良无性系湘林5号、湘林27号、湘林32号、湘林56号、湘林63号、湘林67号、湘林69号、湘林70号、湘林82号、湘林97号等。采用混系造林，每片林至少配置花期、成熟期基本一致的油茶优良品系5个以上。

（3）土壤整理 土壤整理宜在造林前3个月开始进行，一般选择在当年8～12月。根据林地坡度大小，可采用如下整地方法。

一是全垦整地。适于平坦或坡度小于15°的缓坡地，顺坡由下而上全面挖垦。挖垦深度25～30cm，同时清除石块、树根等杂物。

二是水平阶梯整地。适于坡度15°～20°、土层较厚的林地。顺坡自上而下拉直线，按行距定点，再沿水平方向环山开垦水平阶梯带。水平带面宽1.5～2m，外高内低，内侧挖深宽各约20cm的竹节沟。

三是斜坡带状整地。适于坡度20°左右，土层较浅、易水土流失的林地。按照行距要求，每隔2～3行挖垦一条水平带，每条水平带下方保留1～2m的非垦带，并将垦带内挖出的石块、草根、树桩等散堆于非垦带面上。

四是穴状整地。适于坡度20°～25°、坡面破碎林地。只在造林穴1～1.5m²内垦作，按定植规格整地挖穴。

（4）挖穴 纯林栽植密度为每亩90～130株，株行距（2～2.5）m×（2.5～3）m。按株行距定点挖穴，穴的大小为（50～60）cm×（50～60）cm×（40～60）cm，挖穴时，表、心土分开放，在回穴时将表土回填。

（5）施基肥 挖穴后每穴施充分腐熟农家肥5～10kg或商品有机肥2～3kg（或油茶专用有机肥2kg）、过磷酸钙0.5kg（或复合肥0.3kg），回填表土，并将基肥与表土混匀，再将心土填满定植穴，回填土略高于地表。基肥在造林前1个月施入。

（6）苗木要求

① 二年生嫁接裸根苗 一级苗，高度35cm，地径0.4cm，10cm以上的一级侧根数10条以上。二级苗，高度25cm，地径0.3cm，8cm以上的一级侧根5条以上。

起苗前天浇水。起苗深度要比苗木根系长2～5cm。起苗后，需长途运输的，应适当修剪密集的枝叶，尽量带宿土或用黄泥浆。苗木随起随栽，若当天不能栽完，必须假植。

② 二年生嫁接容器苗 一级苗，高度30cm，地径0.3cm。二级苗，高度25cm，

地径 0.25cm 以上。

（7）**定植** 一般在 11 月下旬至翌年 3 月上旬，宜选择阴天或小雨天定植，裸根苗定植前要适当剪去过长主根，并用加入少量生根粉的泥浆蘸根。

定植时扶正苗木，根系舒展，深浅适中。苗根不能与基肥直接接触。表土回填，并踩实，填土要高出周围地表 8～10cm，呈馒头状。裸根苗栽植时，要注意使嫁接口与土面平齐，根土紧密接触，定植后浇透定根水，还可用稻草等覆盖苗基部，并压上 1cm 薄土。

容器苗栽植前应浇透水，栽植时将回填土挖开，穴的大小应适当大于容器。不需要破除容器的苗木应与容器一同栽植，需要破除容器的苗木，应去除容器。将苗木放入穴中扶正，嫁接口平于或略高于地面 0.5～1cm 即可，培土，不需踩苗。浇定根水。

2. 幼林抚育

（1）**除草松土** 定植当年除草松土 1 次，深度宜浅，不要靠近树蔸。定植后第二年起每年除草松土 2 次，第一次在 5～6 月，第二次在 8 月下旬～9 月，深约 5～15cm。保持树盘无杂草。行间宜采用机械除草，控制杂草高度在 20cm 以下，作为地面覆盖。

（2）**间作套种** 可在幼林林地间种绿豆、黄豆等豆科作物，以及药材、绿肥、瓜果等矮秆作物。不要种植高秆、藤本和旱季耗水量大的作物。造林初期间作物要距幼根根际 60cm 以外，以后随着树冠扩大，距离逐渐加大。当油茶生长发育受影响时，及时把间作物清除。

（3）**施肥** 定植当年一般不施肥，或在 7～8 月每株施尿素 10～20g。采用容器苗造林可在春季 4～5 月结合除草抚育施肥一次，每株施尿素 50～100g。

定植第二年追施少量速效氮肥，一般 5～6 月结合除草松土，每株施尿素或复合肥 50g 左右。

定植第三年开始，每年追肥 2～3 次。在春梢萌动或展叶时，结合除草抚育，每株施尿素 100g 和复合肥 500g。春梢停止生长后每株施过磷酸钙 1kg 和氯化钾 100g。在果实采收后的冬季（11～12 月），每株施充分腐熟农家肥 10～15kg 或商品有机肥 1～1.5kg 和复合肥 0.5kg。以后随着树龄增加，施肥量逐年适当增加，并适当增加磷钾肥比例。

在树冠外沿下方挖宽、深各 20cm 的圆形或半圆形沟，施肥后覆土。有条件的可采用水肥一体化设施进行施肥浇水。

（4）**整形修剪** 造林后第 1～2 年，全部保留顶芽萌发的春梢，当其达到 50～70cm 高时截顶，使其迅速形成主干和分枝。

定植一年后，于 11 月至翌年 2 月修剪，修剪后及时除萌。定植生长后，距接口 30～50cm 处断顶定干，在主干四面选留 3～4 个生长强壮的侧枝为主枝，次年在每个主枝上再选留 2～3 个强壮分枝为副主枝。第 3～4 年，在继续培育正副主枝的基础上，将其强壮的春梢培养为侧枝群，形成自然开心形或圆头形的树体（图 4、图 5）。

图4 技术人员在油茶园示范整枝

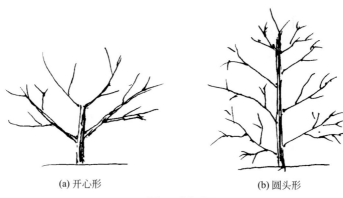

(a) 开心形　　　　　　　　　(b) 圆头形

图5 树形图

前两年应摘除花蕾，保证树体营养生长，加快树冠成形。

3. 成林抚育（造林后 8～9 年）

（1）垦复　每年夏季 7～8 月结合除草浅锄一次，深约 10～15cm。每隔 2～3 年，在果实采摘后冬垦 1 次，深约 20～30cm。根据林地坡度，可选用以下垦复方法。

一是全垦。适于 15°以下的缓坡地。全垦后，根据山地情况沿水平方向隔一定距离挖竹节沟，长 80～100cm，宽 30～40cm，深 20～30cm。

二是带垦。适于坡度 15°～29°的山地。隔年翻垦，挖一带留一带，逐年轮垦，垦复带和留草带宽各 3～5m，深 25～30cm。

三是穴垦。适于坡度 30°以上山地，围绕树蔸沿着树冠垦复，并把泥土往蔸上覆盖，杂草、枯枝落叶等埋入土中。

（2）施肥　大年以磷钾肥、有机肥为主，小年以磷氮肥为主。一般每年施肥 3 次。

① 春季追肥　春季 3 月上、中旬追肥一次。以速效肥为主，每株施复合肥（氮磷钾总量≥ 25%）或有机无机复混肥料（氮磷钾总量≥ 25%）0.5～1kg。

② 初夏追肥　对于挂果量大、养分不足的，5月中旬～6月上旬，每株追施磷钾肥0.3～0.5kg，或喷施硼肥、磷酸二氢钾等叶面肥一次。

③ 秋冬追肥　11～12月施冬肥一次，以充分腐熟的有机肥为主，每株施10～15kg，加复合肥0.5kg，挖深沟施入。根据树体发育情况适当调整施肥种类和数量。

施肥时沿树冠滴水线挖环状沟或穴，深30～40cm，宽20cm，施肥后及时回土。

④ 叶面施肥　在追肥的基础上，根据树体生长状况，特别是每年10月下旬采果后至11月下旬，可增施保果素、微量元素、磷酸二氢钾、尿素和植物生长调节剂为主的叶面肥，早晚进行，浓度0.5%以上。叶面施肥可采用无人机等机械进行。

（3）灌溉　重点加强1～2月抽梢期和7～9月孕蕾开花与壮果长油期的水分管理，旱则灌，涝则排。有条件的在林内设置若干蓄水池等灌溉设施。

（4）修剪　每年在果实采收后至翌年抽梢前要修剪1次，以疏剪为主，主要剪除枯枝、病虫枝、交叉枝、寄生枝、细弱内膛枝、脚枝、徒长枝等。修剪时间同幼树修剪。修剪后加强树体管理，及时除萌抹芽。

（5）中耕除草　每年中耕除草2次，保持树盘无杂草。采果前10～20d机械清除园中杂木和杂草。

（6）病虫害防治

① 农业防治　冬季清除枯枝落叶和落果，并深埋。加强抚育管理，合理修枝。追施有机肥和磷钾肥，不偏施氮肥。结合铲山抚育，在害虫幼虫化蛹期，培土壅根把蛹深埋在10cm以下，阻止成虫羽化。

② 物理防治　用杀虫灯或黑光灯诱杀害虫。利用油茶尺蠖等的假死习性，人工捕杀成虫或刮除卵块。

③ 生物防治　保护和利用瓢虫、寄生蜂、鸟类等天敌。

4月中下旬，每亩用 1.5×10^{12}～2×10^{12} 个白僵菌孢子/g喷雾或含孢量 1×10^{10} 个/g白僵菌原粉1kg喷粉，可防治油茶毒蛾幼虫。

用苏云金杆菌含孢子数 5×10^7～1×10^8/mL 的菌液防治油茶尺蠖3～4龄幼虫。用松毛虫杆菌含孢子数 5×10^7～7×10^7/mL 的菌液防治油茶尺蠖4龄幼虫。

④ 化学防治

a. 油茶炭疽病、油菜软腐病　育苗时用0.1%高锰酸钾处理种子1～2min。冬季清除枯枝落叶和落果，并用2°Bé的石硫合剂清园。春梢抽发时和幼果期，选用70%甲基硫菌灵可湿性粉剂1000～1500倍液，或80%代森锰锌可湿性粉剂500～750倍液、50%多菌灵可湿性粉剂500倍液、72%百菌清可湿性粉剂1000～1200倍液等喷雾防治。

b. 油茶煤污病　及时防治蚜虫、蚧壳虫和木虱等害虫。发病时，用50%氯溴异氰尿酸可溶粉剂1600～2000倍液，或50%甲基硫菌灵可湿性粉剂500倍液、75%百菌清可湿性粉剂800倍液、40%多硫悬浮剂600倍液等喷雾防治。

c. 油茶毒蛾　当幼虫发生时，选用20%虫酰肼悬浮剂7500～10000倍液，或0.2%阿维菌素乳油2500～3000倍液、50%杀螟松乳油1000倍液等喷雾防治。

d. 油茶尺蠖、茶蚕　当幼虫发生时，用90%晶体敌百虫1000倍液，或75%辛硫磷乳油1500倍液、20%氰戊菊酯乳油2000～3000倍液等喷雾防治。

e. 油茶刺蛾　用2.5%溴氰菊酯乳油或20%杀灭菊酯乳油5000～6000倍液，或80%敌敌畏乳油1000～1500倍液喷雾防治。

f. 油茶天牛　5～6月，用注射器注射80%敌敌畏乳油100倍液或10%吡虫啉可湿性粉剂1500倍液入虫孔，或用棉团蘸敌敌畏塞虫孔，再用泥团封孔，熏杀幼虫。成虫发生时，用15%吡虫啉微囊悬浮剂20000～27000倍液，或10%吡虫啉可湿性粉剂2000倍液喷涂树干。

g. 油茶象鼻虫　向虫道内注射80%敌敌畏乳油或其他内吸剂，毒杀幼虫。

h. 油茶刺绵蚧　在5月中旬至6月上旬大发生时，用50%敌敌畏乳油1200～1500倍液喷雾防治。

i. 茶蚜　选用0.3%印楝素乳油500倍液，或0.36%苦参碱乳油500～800倍液喷雾防治。

4. 茶果采收和处理

（1）采收期　当油茶籽粒（图6）果实阴面转黄，部分开裂时采收。一般在10月逐渐成熟，寒露籽、霜降籽、立冬籽分别在寒露（10月中上旬）、霜降（10月下旬）、立冬的前3天开始采收，15～20d完成采收。

（2）采收方法　采收时做到高处用钩，低处手摘，动作要轻。此时也正是油茶花开之时，要注意保护，严禁折枝取果。

（3）采后处理　果实采回后，按采收先后顺序分别堆放，堆厚在10cm以下，经常翻动。堆沤3～5d后，于晴天及时摊晒至全部籽脱粒（图7），除净杂物，籽再日晒3～4d后，堆放在通风阴凉处。常温贮藏不超过翌年3月底。长期贮藏应在温度0～5℃冷库中低温存放。

图6　油茶籽粒

图7　油茶籽采后处理

（何永梅，蔡治平）

第三章

畜牧水产养殖技术规范

第一节
黄牛高产高效养殖技术

一、典型案例

益阳市赫山区安泰黄牛饲养专业合作社是一家专门从事肉牛生态养殖及肉牛屠宰与加工销售的综合性企业，成立于 2017 年 12 月，员工 56 人，技术人员 8 人，法人代表杨安仁（图 1）。

图1　杨安仁在给黄牛喂青草饲料

目前该合作社有能繁母牛 120 头，2020 年出栏商品肉牛 210 头，创产值 800 万元。近年来，该合作社除了大力发展传统的肉牛养殖外，还在农作物秸秆（稻草）资源综合利用、农业有机肥推广使用、牛粪养殖蚯蚓、牛肉及其深加工产品、肉牛产业领域创业培训、产业技术培训等一体化经营与服务方面开展了尝试和探索，取得了不错的成绩，2019 年被省农业农村厅认定为无公害肉牛生产基地、省畜牧兽医研究所肉牛养殖示范基地、益阳市肉牛产业"星创天地"实训基地，2021 年基层农技推广（养殖业）项目示范基地。

近年来，该合作社陆续吸纳培育了 8 家肉牛规模养殖创业主体，新增规模养殖能繁母牛 2000 头。合作社建立了严格的防疫消毒、投入品使用、疾病防控和免疫接种等制度。在牛场各处安装了监控，完善了智能管理系统，逐步走上规范化、标准化生产道路。

辐射带动 86 户农户发展不等规模养殖，新增分散养殖能繁母牛 1500 头。改造改良农业荒芜地、低产田地、山林地种植牧草地 750hm²。牛粪资源化利用生产有机肥单位 12 家，年产有机肥 2 万吨。利用牛粪养殖蚯蚓，年产蚯蚓 9000kg。肉牛品种良种化服务主体 4 家，年人工配种量 2.5 万胎次。肉牛屠宰加工企业 5 家，年屠宰量 1.2 万头；分割牛肉加工、牛肉产品深加工企业 3 家，年加工牛肉 1 万吨，牛肉产品及加工品电商销售量比重提升。全区以牛肉为主题的餐厅已发展到 52 家，品牌牛肉消费呈现上升趋势。该合作社在生产实践中逐步形成了一套可复制的高产技术养殖模式。

二、技术要点

1. 肉牛养殖场地规划、设计

（1）养殖场地牛舍选址 符合《畜禽禁养区划定技术指南》，距离居民生活区、学校、医院 1000m 以上，饮用水水源地 500m 以上，地势平坦开阔，交通便利，坐北朝南。

① 养殖场地、饲料草地等流转或承包租赁符合农业产业政策、村庄规划。

② 牛舍采用开放双列式，中间为工作通道，两边为牛栏，配套饮水槽、粪尿排除沟。栏舍地面坡度 2%，防滑。

③ 牛舍开放、卷帘，便于调节温度，安置地下密封通道入化粪池，便于进行雨污分流。设置负压排风（图 2）。

（2）设置化粪池和氧化塘

① 化粪池或沼气池的容量按 2m³/头折算设计，混凝土密封结构。

图 2 合作社开放式牛舍

② 氧化塘建于化粪池下方，位置略低于化粪池，安置地下密封通道入氧化塘，氧化塘面积按照 5m²/头设计。

（3）建设与养殖量相匹配的精料生产车间。

（4）设置防疫设施、消毒设施，采用喷雾消毒、冲洗消毒等方式。

（5）污道、净道分开。

（6）设置视频监控，生产和管理过程实现远程监控全覆盖。

2. 饲料草地规划、设计，饲料生产

（1）低产耕地、荒芜农地、山林地均可规划为饲料草地。

（2）饲料草地开垦为排水畅通，设置规避雨水浸漫设施，配套干旱期施水设施。

① 饲料草地有埂式、垄式，便于机械收割。

② 饲料草地规模按 2 头/亩载畜量设计。

（3）饲料贮存

① 青绿饲料选用"桂牧 1 号"、墨西哥玉米、牛鞭草等热季牧草，黑麦草、油菜等冷季牧草种植。青绿饲料作肉牛日粮，也可作青贮饲料。

② 收集农作物秸秆（稻草、红薯藤、花生藤等）加工、贮存。作肉牛日粮，也可作青贮饲料。

（4）精料生产采用玉米、麦麸、豆粕、菜粕等农产品及农副产品配制。

3. 青贮饲料

（1）青贮池采用混凝土密封结构，地窖式贮存，地窖地面和墙壁防潮、耐机械夯压。

（2）青贮饲料制作前机械打碎、含水量调节至 70% 左右，入窖时机械夯压，密封贮存。

（3）青贮饲料贮存 30d 以后可供饲用。

（4）专业生产青贮饲料将青绿饲料打碎、调节含水量 70% 左右、夯压，用 PVC（聚氯乙烯）塑料打包、密封贮存。

（5）南方水稻秸秆在收割时同步制作青贮饲料，引进稻谷收割、稻草刈割压缩包装一体化新型农业机械设备。

4. 肉牛品种改良

（1）以本地黄牛为母本，湖南省畜牧兽医研究所引进的国外良种黄牛为父本，级进杂交改良。

① 杂交用人工授精方式。

② 杂交后代母本选育留种作能繁母牛，建立系谱档案；公牛去势作商品牛生产。

③ 级进杂交采用不同血缘父本，建立系谱档案，杂交五代内不能采用同品种公牛。

（2）本地黄牛品种可选品种：湘南黄牛、湘西黄牛、南阳黄牛、鲁西黄牛、晋南黄牛、秦川黄牛等。

（3）父本黄牛可选品种：德国黄牛、西门塔尔黄牛（图3）、利木赞黄牛、安格斯黄牛、夏洛来黄牛等。

图3　良种西门塔尔黄牛

5. 肉牛生产、疾病防治

（1）**肉牛的繁殖（包括配种、妊娠、产犊前后护理）技术**　满足母牛的营养需要，保证母牛正常发情、配种。一般初产母牛 1.5～2 岁开始发情配种，经产母牛产后 2 个月发情配种，做到一年一胎。

① 妊娠期间母牛饲养管理的基本要求　母牛妊娠后，满足胎儿生长发育的营养需要和为产后泌乳进行营养蓄积。母牛怀孕前 5 个月，和空怀母牛一样，以粗饲料为主，适当搭配少量精料，如果有足够的青草供应，可不喂精料。同时，应注意防止妊娠母牛过肥，尤其是头胎青年母牛，以免发生难产。

② 妊娠母牛的管理　母牛要加强刷拭和运动，妊娠后期要注意做好保胎工作。与其他牛分开，单独组群饲养，严防母牛之间挤撞。不鞭打母牛，不让牛采食幼嫩的豆科牧草，不在有露水的草场上放牧，不采食霉变饲料，不饮脏水。

③ 哺乳母牛的管理　母牛产后 10d 内，要限制精饲料及根茎类饲料的饲喂量。

④ 犊牛的饲养管理　初乳要早喂，喂足。为促进瘤胃发育，犊牛应提早采食青粗

饲料和精料。哺乳期 6 ~ 7 个月，即 6 ~ 7 月龄断奶。

（2）肉牛及架子牛的育肥

① 肉牛的直线育肥（断奶后直接育肥） 犊牛断奶后转入育肥舍饲养。育肥舍为规范化的塑膜暖棚舍，舍温要保持在 6 ~ 25℃，犊牛转入育肥舍后训饲 10 ~ 14d 逐渐过渡到育肥日粮。

② 架子牛的快速育肥 架子牛是一岁左右的牛犊作为育肥牛，采用精料喂养，定期饮水，保证育肥牛生长发育的物质需要。饲喂精料量根据牛的大小、牧草的供应情况和季节来定（参考：北方育肥牛按体重 0.5% ~ 1% 添加精料）。

（3）肉牛的疾病防治

① 注射常见传染疾病疫苗，如口蹄疫、传染性胸膜肺炎、牛出败、流行热。

② 搞好牛体内外的驱虫和栏舍内外的卫生消毒。防止发生牛传染病，需要采取措施保证牛生活环境的卫生。

③ 常用的防疫方法有隔离、消毒、杀虫灭鼠和粪便处理。

④ 驱虫的方法为每年 3 月用伊维菌素或者阿维菌素驱虫，一周后再进行一次；每年 4 月用左旋咪唑和丙硫苯咪唑驱虫一次；每年 9 月用伊维菌素驱虫，一周后再进行一次。

6. 饲养模式与技术

牛属草食动物，进食量大，生产周期长，应利用天然的草山资源，减少生产成本，获取最大效益。根据牛的生产阶段和生产方向采用不同的饲养模式，一般育肥牛要以舍饲为主，基础母牛和架子牛要以放牧为主，不同生产阶段要采用不同的饲养模式。同时利用秸秆，推广青贮、氨化或微贮技术，进行冬天补饲。

7. 打造肉牛市场价值链

饲养肉牛前应进行市场调查和定位，目前育肥肉牛的市场有三：一是选 3 岁以上成年牛（包括阉牛和淘汰母牛）短期育肥，目的是生产普通牛肉，在国内市场销售；二是选择 2 岁以上的阉牛进行 3 个月以上的强度育肥，技术要求较高，目的是生产供应港澳的活牛；三是选择 1 ~ 2 岁的架子阉牛进行 6 个月以上的强度育肥，技术要求高，目的是生产高档牛肉和优质牛肉，高档肉和优质肉占活重的 20% ~ 25%，主要供应国内星级宾馆等消费，余下的肉仍可作普通牛肉销售。

（李盛唐，贾向阳，贺红专）

第二节
蛋鸡绿色健康养殖技术

一、典型案例

益阳市湘宏发农场有限公司成立于 2017 年，是一家蛋鸡规模养殖企业。公司位于益阳市赫山区沧水铺镇黄团岭村，距益宁城际干道和长益高速公路不到 2km，交通方便。公司法人徐鹏飞。

近年来，公司流转土地 120 亩，兴建标准化鸡舍 6000m²，设备投资 400 万元，建立了"公司＋基地＋农户"的经营模式，同时也带动了村民脱贫致富。公司纯自然、原生态的生产模式，精耕细作、品质至上的经营理念得到了消费者的认可，为消费者提供"无抗""无公害"农产品，赢得了市场的认可。

近年来，市场上培育出了很多饲养密度大、适应性强、适宜集约化笼养管理、体型小、产蛋量高、饲料报酬高的蛋鸡品种。湘宏发农场有限公司看到了这一商机，优化了品种、加强了管理，取得了较好的经济效益。年产优质鸡蛋 17350 箱，年产值达 350 万元。现将其养殖技术介绍如下。

二、技术要点

1. 厂址选定

场地选择应考虑地势、朝向、交通、水源、电源、防疫条件、自然环境等，并且要符合法律法规要求。一般场地选择要遵循如下几项原则。

（1）**有利于防疫**　养鸡场地不宜选择在居民区、工厂集中地、交通来往频繁地区、畜禽贸易场所附近。宜选择较偏远而车辆又能到达的地方，既不易受疫病传染，并且有利于防疫。

（2）**场地宜在高朗、干爽、排水良好的地方**　平原地带要选地势高燥，稍向南或东南倾斜的地方。山地丘陵地区则宜选择南坡倾斜度在 20°以下的地带。这样的地方便于排水和接纳阳光，冬暖夏凉。场地要配套建设粪污处理设施，并进行资源化利用。

（3）**场地内要有遮阴**　种植翠竹、树木，以利于鸡只活动。

（4）**场地要有水源和电源**　电力要充足。水源最好为自来水，如无自来水，则要求能够提供符合水质卫生要求的地下水。

2. 厂区布局

（1）场区周围应设有围墙或绿化隔离带。

（2）蛋鸡场应严格执行生产区与管理区、生活区分开的原则，净道、污道分开，并设隔离区，另设病害肉尸体及其产品无害化处理区。管理区、生活区设在上风向，无害化处理区设在下风向。

（3）生产区下风向处应设有鸡粪堆放池和污水沉淀池。

（4）行政管理区、生活区是鸡场经营管理和对外联系的场区，应设在与外界联系方便的位置。大门前设车辆消毒池，两侧设门卫和消毒更衣室。

（5）生产区包括各种鸡舍，是鸡场的核心。

① 鸡舍的布局应根据主风方向与地势，鸡舍群一般采取横向成排（东西）、纵向呈列（南北）的行列式，即各鸡舍应平行整齐呈梳状排列，不能相交。鸡舍群的排列要根据场地形状、鸡舍的数量和每幢鸡舍的长度，酌情布置为单列、双列或多列式（图1）。

② 鸡舍以南向或稍偏西南或偏东南为宜，冬季利于防寒保温，夏季利于防暑降温。

图1　公司蛋鸡多列式生产区

③ 鸡舍间距应是檐高的 3 ～ 5 倍，开放式鸡舍应为 5 倍，封闭式鸡舍一般为 3 倍。

④ 鸡舍按下列顺序设置：幼雏舍、中雏舍、后备鸡舍、成鸡舍。幼雏舍在上风向，成鸡舍在下风向。

⑤ 成鸡舍鸡笼应下设宽度 1.8 ～ 2m、深度 0.5m 的凹槽，安装自动刮粪机。

3. 蛋鸡品种选定

主要有褐壳蛋鸡系、白壳蛋鸡系和粉壳蛋鸡系。褐壳蛋鸡系主要有罗曼蛋鸡；白壳蛋鸡系主要有京白；粉壳蛋鸡系主要有尼克蛋鸡，赫山区大部分是粉壳蛋鸡。

4. 蛋鸡饲养

（1）产蛋鸡总体上可分为育雏、育成和产蛋三大阶段

① 育雏阶段　现代蛋鸡饲养多倾向将 0 ～ 8 周龄视为育雏阶段。有试验表明，8 周育雏比 6 周育雏更有利于后备蛋鸡的培育和其产蛋潜能的发挥。

② 育成阶段　指育雏完成后到开产前，即 9 ～ 20 周龄。育成阶段又可细分为育成前期（9 ～ 12 周龄）、育成后期（13 ～ 18 周龄）、产蛋前过渡期（19 ～ 20 周龄）三部分。

③ 产蛋阶段　指由 5% 产蛋率到淘汰，一般为 21 ～ 72 周龄。产蛋阶段又可细分为产蛋前期（21 ～ 42 周龄），产蛋中期（43 ～ 60 周龄），产蛋后期［61 周龄至淘汰（72 周

龄左右）] 三个阶段。

（2）不同阶段的饲管技术要点

① 育雏期（0～8周龄）的饲养管理要点

a. 认真做好育雏前各项准备工作　进雏前必须留有足够的时间，做好育雏舍的清扫、冲刷、熏蒸消毒、供温保暖，备好饲料及常用药品、器具。

b. 提供适合于雏鸡生长发育的舍内环境　育雏阶段最显著的特点是对舍内环境温度有比较严格的要求。换句话说，舍内环境温度是否合适是育雏成败的关键要素。一般要求1周龄内舍温昼夜保持在34～36℃，以后每周下降2℃，直到22～24℃维持恒定。舍内相对湿度以2周龄内保持在65%～70%、3周龄起逐渐降为55%～60%为宜。

c. 饮水与开食　雏鸡进舍后先给水，间隔2～3h后再给料。1周龄内饮水中添加5%葡萄糖＋电解多维或速补、开食补盐等，其功能主要是保健、抗应激，并有利于胎粪排泄。雏鸡对水的需求远远超过饲料，应保证不断水和水质的清洁卫生，过夜水应及时更换。开食第一周应少量勤添，以免引起消化不良和造成饲料浪费。

d. 饲料营养　雏鸡采食量虽少，但对饲料质量要求较高，应提供原料质量高、适口性强、易消化吸收的全价配合饲料。日粮营养水平：粗蛋白19%～20%，代谢能11.7MJ（兆焦）/kg以上，钙0.9%左右，总磷0.60%～0.65%。

e. 光照时间和强度　前3天光照要达到23～24h，第4～7天减至18h，从第2周龄到育雏结束为12h。光照强度先强后弱，1周龄为每20 m^2 用1只60W灯泡，1周后更换为40W，灯泡距离鸡床（或地面）2.0～2.2m。

f. 断喙　断喙一般在7～9日龄内进行。可节省饲料消耗，减少啄癖发生，但操作不当可造成出血死亡或终身残疾。在断喙前饮水或饲料中添加倍量的维生素K、维生素C（图2）。

(a)　　　　　　　　　　　　　　　　　　　(b)

图2　雏鸡断喙（a）及断喙后效果（b）

② 育成期（9～20周龄）的饲养管理要点　如果说育雏阶段的关键在于控制舍温、保证饲料质量，那么育成阶段的关键在于控制光照时间和体重。

a. 育成前期（9～12 周龄） 适时分群，保持适当的饲养密度。育成期是体重增长最快的阶段，调整好饲养密度有益于群体生长发育和整齐度，并可减少疾病发生（图3）。育成前期 12～15 只 /m²，育成后期 8～10 只 /m²。

图 3　育成鸡

育成前期是育雏期的延续，对饲料营养仍有较高要求，许多养鸡户往往忽视了育成阶段的饲养管理，而造成了开产后难以弥补的损失。育成前期要求日粮粗蛋白 15.5%～16.0%，代谢能不低于 11.5MJ/kg，其他同雏鸡。光照时间控制在 10h 左右，采光窗用有色布帘遮挡，以免光线过强。

b. 育成后期（13～18 周龄） 严格控制光照时间。后备母鸡进入 13 周龄后卵巢机能明显发育、骨骼生长发育速度加快。为避免因性早熟而影响产蛋性能，光照时间严格控制在 10h 以内。

控制体重，调整日粮营养水平。为防止体重超标，采取限质饲养使口粮粗蛋白水平不超过 14%，或者限量饲养对其采食总量加以限制。如果体重偏低则要提高口粮营养水平，延长饲养时间，保证上笼体重在正常值范围内。

上笼前一般在 17 周龄内选用左旋咪唑进行一次性体内驱虫，根据后备蛋鸡的数量、平均每只体重来确定用药量。将药片碾碎后拌入饲料中任其自由采食。喂前将料清干净并停料数小时，使鸡处于饥饿状态再喂效果更佳。

c. 产前过渡期（19～20 周龄） 后备蛋鸡经过 18 周后卵巢等生殖系统的发育也较为充分，并已转入产蛋鸡舍，此时可供给产蛋期日粮。过渡期后备蛋鸡在管理上必须注意保持鸡舍环境的安静和卫生，减少各种外界刺激，饮水中加入维生素 C、多维等抗应激类药物。18 周龄以前光照时间只能缩短，进入产前过渡期后可逐渐增加光照时间，但不能过快，过渡期每天延长 15min 即可。

③ 产蛋期（21～72 周龄）的饲养管理要点

a. 产蛋前期（21～42 周龄） 产蛋前期主要包括产蛋上升期和高峰期。一般从 21 周龄正式步入产蛋期，经过 6～7 周的快速增长即可达到产蛋高峰（产蛋率 90% 以上）。此时产蛋鸡敏感且娇气，抗病力较弱，需加倍精心呵护。

此期对日粮营养水平要求高。产蛋前期是新产母鸡最关键的时期（图4），其管理要求严格、细致，首先要满足营养需要。日粮粗蛋白 18%～19%，代谢能 11.7MJ/kg 以上，钙 3.3%～3.6%，有效磷不低于 0.4%。尤其是保证日粮各种氨基酸比例的平衡，并含有足够量的复合维生素、矿物盐及酶类物质，否则难以保证高峰期维持较长的时间。

图4　新产蛋鸡

努力营造一个舒适的产蛋环境，包括舍内温度（13～23℃）、相对湿度（55%～65%）、空气质量、通风、光照及饲料质量等综合因素。

严格确定合理的光照时间。开产后随着产蛋率的提高，相应地逐步延长光照时间（只能延长不能缩短），直至产量高峰（27～28周龄）将光照时间恒定在16.0～16.5h，且将每天的开关灯时间严格固定下来，不可随意更改。

保持饮水供给和减少应激。产蛋期不可断水。工作人员在操作时动作要轻，不要随便改变服饰，尽量避免因外界刺激造成的一切应激反应。

b. 产蛋中期（43～60周龄）　此时是产蛋高峰后，产蛋率逐渐下降。优秀的高产蛋鸡平均产蛋率仍可维持在80%以上的较高水平。使产蛋率保持平缓下降是此阶段饲养管理的关键。

首先思想上要有正确的认识，要像产蛋前期一样，决不可以为产蛋高峰已过而放松管理水平或盲目降低日粮营养水平。

此时产蛋鸡逐渐出现羽毛脱落现象，鸡舍有一定的尘埃污物，舍内空气质量与产蛋初期相比也有一定程度的恶化。更需加强对舍内环境卫生的管理，营造安静、卫生、通风良好、温湿度适宜的生产环境，减少疫病发生。

适当降低粗蛋白和能量水平，适量补充复合维生素，这样有利于鸡恢复高产体能，使其保持较高的产蛋水平。

c. 产蛋后期（61～72周龄）　就产蛋鸡生产能力及生殖生理规律而言，进入60周龄后可视为产蛋后期了。此时群体产蛋率已处于一个相对较低的水平（70%左右），即使供给高水准的日粮也难以改变。由于鸡体生理机能的退化，对钙质的吸收利用能力降低。因此，在日粮营养水平上需做一定的调整，以高能量（代谢能11.7MJ/kg以上）、高钙（含钙3.4%～3.8%）、低蛋白（14.0%～14.5%）为特征。在管理上可将光照时间延长0.5～1.0h，以增强对母鸡性腺活动的刺激，从而增加产蛋强度，同时随时将休产、低产鸡剔除（图5）。

（3）卫生管理与免疫接种　为使蛋鸡整个生产期内能够正常生长发育，提高成活率、产蛋率，降低死淘率，除以上所述的饲养管理要点外，还需认真做好日常卫生管理和免疫接种工作（图6）。

① 加强日常卫生管理　健全和完善卫生防疫工作制度，责任到人，严格执行。

保持鸡舍内外环境卫生，勤打扫，勤消毒。加装通风设备，保持空气流通。定期清除粪便，视具体情况每周2～3次。坚持带鸡消毒，每周进行2次，消毒剂要交替更换使用。饮水器每天用消毒液浸泡冲洗1次，每次饮完都必须洗净后再使用。料桶

图5　产蛋期开灯增加光照时间　　　　图6　工作人员正在为蛋鸡接种

每周消毒 1 次。笼养使用"V"形水槽者，必须每天擦洗 1 次，每周消毒 1 次。产蛋阶段应每天擦拭灯泡，报废灯泡及时更换。每天注意观察鸡群的精神状态，采食、饮水及粪便情况，及时捡出死鸡并作无害化处理。及时淘汰病、弱、残鸡，做好记录。

　　② 免疫接种　1 日龄：用马立克氏病双价苗，每羽颈部皮下注射 0.2mL。如果用单价苗则在 10 日龄重复免疫 1 次，可明显降低发病率。7 日龄：新支二联滴鼻。11 日龄：用传染性支气管炎疫苗 H120 滴口、滴鼻。14 日龄：用中毒株疫苗（法倍灵）滴口。18 日龄：用呼吸型、肾型、腺胃型传染性支气管炎油乳剂灭活苗每羽肌注 0.3mL。22 日龄：用中毒株法氏囊炎疫苗（法倍灵）饮水。27 日龄：新城疫活苗 2 头份饮水或新城疫油乳剂苗 0.2mL 肌注，同时用鸡痘苗于翅膀下穿刺接种。50 日龄：用鸡传染性喉气管炎活疫苗，滴鼻、滴口、滴眼。60 日龄：用新城疫 - 传染性支气管炎油乳剂灭活苗（小二联）每羽 0.5mL 肌注。90 日龄：用鸡大肠杆菌灭活苗每羽 1mL 肌注。120 日龄：用新城疫、传支、减蛋综合征油乳剂灭活苗（大三联）每羽 0.5mL 肌注。

（谢知平，贾向阳，贺红专）

第三节
生猪工厂化高产高效饲养技术

一、典型案例

益阳大益农生态农业发展有限公司，位于益阳市赫山区泉交河镇祥云村，是一个以生产繁育良种母猪为主的标准化生猪养殖场，负责人方俊辉（图1）。

图1　公司负责人方俊辉在猪场了解生猪饲喂情况

养殖场占地面积126800m²，其中建筑面积14000m²，另拥有1400m²的有机肥加工厂，总投资7000多万元。公司从2019年开始与湖南天心种业股份有限公司开展战略合作，成立益阳天心种业有限公司。现存栏优质基础母猪2700头，年出栏仔猪5.5万～6万头，其中种母猪2万头。

为构建防疫安全体系，场区划分为办公生活区、养殖生产区、污水处理区、种植区，采用四点式布局。养殖生产区由应急保育舍、后备母猪舍、配种舍、妊娠舍和两栋产仔舍共六栋组成。生产线采用"四化两型"（饲喂自动化、环控智能化、管理信息化、粪污资源化，资源节约型和环境友好型）的现代化种猪养殖工艺。在生产设备上采用"三线"（自动化料线、水线、高压清洗线）和"三系统"（自动高温报警系统、通风系统、监控信息系统）的自动化运行模式（图2）。

污水处理区采用畜禽污染治理新技术，粪污经沼气池发酵处理，再进行干湿分离，沼渣加工制作成固态有机肥；沼液通过提纯浓缩技术，制成有机液态肥，水肥一体化服务农业；少量中水性质的透过液，回收用于冲洗畜禽栏舍、绿化灌溉等，实现真正零排放（图3）。

图2 公司生产区监控系统

图3 益阳大益农生态农业发展有限公司污水处理系统

种植区主要采用有机肥种植苗木、瓜果和蔬菜等，实现种养相结合的循环经济农业，并在生产实践中逐步形成了一套绿色高效生产模式，简要介绍如下。

二、技术要点

1.环境与设施

（1）选址

① 猪场选址应符合《中华人民共和国畜牧法》的规定，猪场环境质量应符合 NY/T 388—1999《畜禽场环境质量标准》的规定。

② 猪场应建在交通方便、水源充足、地势高燥、无污染和便于动物防疫的地方，距离交通干线、居民区、学校、城镇等500m以上；距离生活饮用水水源保护区、风景名胜区以及自然保护区1000m以上；周围2000m内无厂矿和屠宰场；周围有围墙或防疫隔离沟，并建有绿化隔离带。

（2）布局 场区应设管理区、生产区、隔离区和无害化处理区，各区之间界限明显，相距50m。按常年主导风向和地势，由高到低依次布置为：管理区、生产区、隔离区和无害化处理区。净道与污道应分设，互不交叉。入场大门口和行人入口、生产区入口、无害化处理区入口以及各栋栏舍入口应设消毒池等消毒设施，道路应硬化。

（3）栏舍

① 栏舍可采用单列式和双列式，应坐北朝南。栏内应通风、干燥、明亮，有防暑降温和防寒保暖设施。栋间间距8～10m。

② 栏舍分后备母猪舍、怀孕配种舍（图4）、产仔舍、保育舍（图5）、育肥猪舍。

③ 地面平整硬实，不打滑，呈10°～15°坡度，不积水和粪尿，能耐受各种形式的消毒。

④ 排污沟用混凝土浇筑，低于栏舍地面5～10cm，高于场内总排污沟5～10cm。

⑤ 猪舍空气质量应符合 NY/T 388—1999《畜禽场环境质量标准》的规定。

图 4 怀孕配种舍 　　　　　　　　　 图 5 保育舍

2. 引种

① 引种前应先调查了解产地疫情，不得从疫区引种。

② 应从具有《种畜禽生产经营许可证》的湘益猪原种场引种，种猪应有畜禽标识、系谱卡、种猪合格证，并按规定检疫。

③ 引进的猪只应隔离饲养 45d，确认健康后方可合群饲养。

3. 饮水卫生

水源应为地下水、自来水或江河湖泊水，水质应符合 NY 5027—2008《无公害食品畜禽饮用水水质》的规定。

4. 饲料和营养

① 饲料和饲料添加剂应符合 NY 5032—2006《无公害食品 畜禽饲料和饲料添加剂使用准则》的规定。

② 生猪各阶段营养需要见表 1。

③ 青绿饲料应洗净饲喂。

④ 不得在饲料中添加 β- 兴奋剂等禁用物品。

5. 饲养管理

（1）基本要求

① 栏舍、走道及饲养用具应保持清洁卫生。

② 使用的饲料应营养全面，不得使用霉变劣质饲料。妊娠母猪应饲喂适量青绿饲料。

③ 查看猪群健康状况，发现异常应及时记录并作相应处理。

④ 饲养管理的其他要求应符合 NY/T 5033—2001《无公害食品 生猪饲养管理准则》的规定。

（2）种公猪饲养管理

① 根据季节和种公猪体况适当调整日粮。

表 1　生猪各阶段营养需要

		消化能/（MJ/kg）	粗蛋白/%	赖氨酸/%	蛋氨酸+胱氨酸/%	Ca/%	P/%
保育猪	第Ⅰ阶段（3～8kg）	14.02	21	1.42	0.81	0.88	0.74
	第Ⅱ阶段（8～20kg）	13.60	19	1.16	0.66	0.74	0.58
小猪（20～35kg）		13.39	17.8	0.90	0.51	0.62	0.53
中猪（35～60kg）		13.39	16.4	0.82	0.48	0.55	0.48
大猪（60～90kg）		13.39	14.5	0.70	0.40	0.49	0.43
母猪妊娠前期		12.35	12	0.49	0.32	0.68	0.54
母猪妊娠后期		12.55	13	0.51	0.33	0.68	0.54
哺乳母猪		13.80	18	0.91	0.44	0.77	0.62
种公猪		12.95	13.5	0.55	0.38	0.70	0.55

② 每天驱赶运动 0.5～2.0h。

③ 每 2～3d 采精或配种 1 次。

④ 人工采精应每次检查精液质量，自然交配应每周检查一次精液质量。

⑤ 高温季节，应采用搭遮阴棚、安装湿帘等防暑降温措施（图 6）。

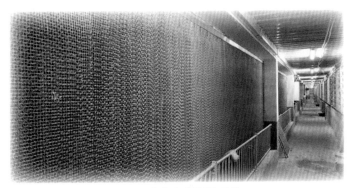

图 6　猪舍水帘温控系统

（3）空怀和妊娠母猪饲养管理

① 根据季节和母猪体况，适当调整饲料配方及饲喂量。

② 掌握母猪发情时间，适时配种，第一次配种后间隔 8～12h 重复配种 1 次。发现返情及时处置。

③ 应减少妊娠母猪的应激。

（4）分娩和哺乳母猪饲养管理

① 临产前 7d 将待产母猪消毒后移入产房，做好产前准备。

② 产后应及时取走胎衣，保证饮水充足（冬季用温水），并在水中加入适量麦麸和食盐。

③ 母猪产后应及时消炎。

（5）哺乳仔猪饲养管理

① 产下的仔猪应及时断脐、擦干、称重、吃初乳，24h 内剪犬齿、消炎。

② 仔猪出生后 2d 内，调教仔猪固定奶头和进出保温箱。出生后 3d 内，保温箱温度控制在 34 ～ 35℃，以后每过 3d 降低 1℃，20 日龄后保持 26 ～ 28℃。保温箱箱门应全天敞开。

③ 7 日龄前应补充铁制剂。7 日龄开始诱食补料，仔猪采食不好时，应人工辅助补料。

公猪应适时去势。

（6）断奶仔猪饲养管理

① 21 ～ 28 日龄断奶并注意保温。

② 断奶后由仔猪教槽料逐渐过渡到仔猪前期料。

（7）生长育肥猪饲养管理

① 根据生长育肥猪不同阶段的营养需要，配制相应的全价饲料。

② 日喂 2 次，定时定量，粉料拌湿喂、颗粒料干喂，以吃饱不剩料为原则；自由采食时，料槽断料应不超过 2h。

6. 疫病防治

（1）人员管理

① 工作人员应定期进行健康检查。

② 定时做好非洲猪瘟病毒检测。

③ 场内工作人员不对外提供疫病诊疗和配种工作等技术服务。外来人员未经许可不得进入生产区。场外畜禽及其产品以及可能染疫的物品不得带入场内。

（2）免疫

① 应根据《中华人民共和国动物防疫法》的要求，并按 NY/T 5339—2017《无公害农产品 畜禽防疫准则》的规定，结合当地实际情况，制订免疫接种计划。

② 疫苗应来自有生产、经营许可证的企业。

③ 免疫用具使用前后应严格消毒，做到一猪一针头。

④ 严格按疫苗使用方法使用疫苗，疫苗开启后应 4h 内用完，废弃的疫苗及使用过的疫苗瓶应无害化处理。

⑤ 应定期对猪瘟、蓝耳病、口蹄疫、圆环和伪狂犬病等主要猪病进行血清学抗体检测，并根据检测结果调整免疫程序。

（3）驱虫灭鼠 应有计划地进行驱虫灭鼠。

（4）治疗

① 猪只发病后应及时隔离，并对症治疗。

② 兽药使用应符合 NY 5030—2016《无公害农产品 兽药使用准则》的规定。

（5）**扑疫**　确诊发生重大动物疫病时，应按《中华人民共和国动物防疫法》和相关法律法规的规定处置。

7. 废弃物及病、死猪处理

病、死猪按《病死及病害动物无害化处理技术规范》（农医发〔2017〕25号）的规定处置。

废弃物的排放应符合《畜禽规模养殖污染防治条例》和GB 18596—2017《畜禽养殖业污染物排放标准》的规定。

8. 养殖档案

按DB43/T 634—2011《畜禽水产养殖档案记录规范》的规定执行。

（贾向阳，李建辉，李荣）

第四节
黄颡鱼高效养殖技术

一、典型案例

益阳兰溪腾飞渔业发展有限公司（原益阳市国营兰溪渔场）成立于1956年，属国有企业，隶属于赫山区畜牧水产事务中心，法人代表陈喜庭（图1），总养殖面积4267亩，其中池塘精养面积1180亩，集中连片，交通方便。2011年被农业部评为"第六批农业部水产健康养殖示范场"，2013年获农业部无公害农产品认证。主要养殖品种有"四大家鱼"、鲫鱼、黄颡鱼、中华鳖、鳜鱼、匙吻鲟等。该企业是赫山区水产品养殖重点单位，从事水产苗种繁育和名贵鱼特别是黄颡鱼养殖，健康养殖技术及无抗养殖技术研究多年，积累了大量的经验。2020年践行新发展理念，坚持高质量发展，养殖黄颡鱼110亩，亩投放苗种1.3万～1.5万尾/亩，亩产1250kg左右，亩产值3.6万元左右，综合养殖成本（鱼塘租金、人工、鱼药、生物制剂、电费等）约16元/kg，亩利润达到0.8万～1.2万元，亩产量较高，效益好（图2）。

图1　企业负责人陈喜庭在鱼塘了解黄颡鱼养殖情况

图2　公司基地场景照

公司根据水产养殖病害发生危害的特点和预防控制的实际，坚持以防为主、防治结合的原则，以生态环保、产品安全、节能减排为导向，树立绿色健康养殖理念，调整养殖产品结构，引进曾获得国家专利的通威公司的"3.6.5模式"，大力发展生态养殖。为提高水产品质量，确保水产品质量安全，通过实施"水产养殖用药减量行动"，建立水产养殖用药减量新模式。

二、技术要点

黄颡鱼（图3）是一种小型淡水经济鱼类，尽管其个体较小，但肉质细嫩，味道鲜美，营养丰富，刺少无鳞，市场价格一直坚挺，具有较高的养殖经济效益。公司致力于黄颡鱼池塘高效养殖多年，积累了丰富的经验和养殖技术，现将公司池塘高效主养黄颡鱼的相关技术介绍如下。

图3　黄颡鱼

1.池塘选择

黄颡鱼属于中底层鱼，杂食偏肉食性面积以 5 ～ 10 亩为宜，水深为 1.5m 左右。黄颡鱼养殖池塘虽无特别严格的要求，但应尽量选择注排水方便、交通便利、池底平坦、硬底质、保水的池塘；清除池塘中的野杂鱼，杀死敌害生物和病原体，改良池塘的水质。如果是老塘，则要清除部分池塘底部的淤泥。

2.黄颡鱼对水质的要求

黄颡鱼喜欢清澈洁净的水质，所以池水的透明度应保持在 30cm 左右，生长季节要适时添加新水，高温季节要勤换水。对池水溶氧要求较高，所以要保持水体有较高的溶氧量。高密度养殖池塘应具备增氧机。黄颡鱼池水不宜碱性过强。

3.养殖前的准备

冬季抽干池内剩水，清除池底过多淤泥，保留淤泥不超过 20cm，让其冻晒一个冬季。于放种前 15 ～ 20d 注水 0.8 ～ 1m（进水口应用 60 目网袋过滤，以防野杂鱼及其鱼卵进入），每亩使用 150kg 生石灰清塘，以杀灭外来病原体、野杂鱼等敌害生物。于放种前用生物肥或微生物制剂、或 7 ～ 10d 施发酵消毒好的畜禽粪，用量为 300kg/ 亩左右，以培育浮游生物，为日后入池的黄颡鱼种提供生物饵料。

4.混养的放养密度和放养规格

根据水体饵料生物量，科学合理确定混养比例和放养规格，一般水体以混养 40 ～ 60 尾为宜，放养规格为 4cm 以上 / 尾。在养殖过程中若密度过大、规格过小，说明鱼池中天然饵料生物量不足，可适当补放小杂鱼虾、家鱼夏花或投喂人工配制的专用黄颡鱼饵料（一般以专用饲料为主），否则年底达不到上市规格。

5.黄颡鱼的精养

以池塘精养的条件，设计产量为 1000kg，亩放每 0.5kg 30 ～ 50 个头的苗 1 万尾，出塘规格在 100～150g 左右。适当套养鲢、鳙鱼 100 尾（其中鳙鱼 20 尾，也可以不搭配鳙鱼），还可搭配少量翘嘴鲌，中科 3、5 号鲫鱼。鱼池主养黄颡鱼不再适宜混养其他肉食性鱼类。

6. 水质调节

每隔 7～10d 加注新水 1 次，每次加水 20cm。每隔 15～20d 换水 1 次，每次换水 20% 左右。每 15d 交替使用 1 次生石灰和 EM 菌、光合细菌等（复合生物制剂），用量分别为 10～15kg/ 亩和 1～1.5kg/ 亩，以改良水质和底质，保持池水的 pH 为 7.5～8.5，透明度为 30cm 左右。适时开启增氧机，保持池水溶氧量在 6mg/L 以上。

7. 饲养管理

根据黄颡鱼喜欢集群摄食的习性，在投饵机前方用网片围成一个合适大小的食台，网片四周外侧用竹竿固定，下缘入水 50cm，上缘用 PVC 管子等作浮子，以防饵料随风飘散导致满塘都是，不利于检查鱼的吃食情况。设置食场的目的是让黄颡鱼按照"四定"原则进入食场内吃食，以提高饲料利用率，并便于观察鱼的活动、摄食、生长情况，及时调整投饲量。黄颡鱼在鱼种培育期间都已经驯化，一般鱼种入池 1d 即可投喂。投喂黄颡鱼专用颗粒饲料，蛋白含量为 40% 左右，苗种阶段饲料蛋白含量要高，粒径根据鱼苗的大小决定。日投喂 2 次，分别于 9:00、17:00 后各投喂 1 次，以下午投喂为主，占日投饲量的 60%～70%。4～5 月，投饲率为 3% 左右；6～9 月，投饲率为 5%～8%；10 月以后，投饲率为 3%～5%。具体的投饲量应根据水温、天气及鱼的生长情况灵活掌控，一般以 80% 的池鱼吃饱离开食场为宜。饲料品牌的科学选择也是养殖成功的关键。

8. 疾病的防治

防治病害时，尽量使用高效、低毒药物，并通过观察疗效确定使用的药物品种。黄颡鱼的病害以预防为主，防治结合。黄颡鱼是无鳞鱼，对常用药物忍受力不及四大家鱼，在饲养中受季节、气温、水质、投料、鱼体表无鳞的特点和鱼池中的细菌、寄生虫等影响，也会引起局部感染和寄生虫疾患，这就需要在平时养殖中注意观察，针对池塘异常情况提前采取措施。

（1）**杀虫剂** 用硫酸铜和硫酸亚铁以 5∶2 的浓度比例每亩 250～350g 溶解后泼洒，对指环虫、车轮虫等杀虫较好，不能超量用药。一些新药比如轮虫净、鱼虫净、中药制剂（苦参末）等，都可视各地情况进行使用。防治黄颡鱼鱼病不可施用敌百虫药剂，否则会带来不良后果。

（2）**抗菌消炎剂** 口服药（压成粒料在饲料中混匀）用痢特灵 10g 加土霉素 20g 拌匀，加入 50kg 饵料中，连续喂 3d，日喂 2 次。口服药料最好现配现喂，配一次喂三天，切忌久放。三黄粉中草药可以内服治一点红。

（3）**出血病** 用生盐 30kg/ 亩，全塘泼撒。

（4）**肠炎病**　可在饲料中添加 0.1% 的鲜大蒜汁、多维，维生素 C 定期拌料投喂进行预防，发病时用二溴海因（颗粒）全池遍洒，1m 水深用量为 300g/ 亩左右。

（5）**拟态弧菌方形溃烂病**　该病一般在 5 月开始，直至整个高温期都有可能暴发，该病具病程短、死亡率高的流行特征，针对该病尚无有效的防控措施，采取的措施就是用黄颡鱼拟态弧菌灭活疫苗进行浸泡后下池养殖。

（冷奏凯，孙浪，孟应德）

第五节
加州鲈高效养殖技术

一、典型案例

益阳市泊湖岭绿色农林有限公司于2008年12月注册成立，位于赫山区欧江岔镇闸坝湖村黄杆湖组，是一家集大水面综合养殖、鱼猪果菜苗木花卉生态循环种植、水产品加工、渔业休闲度假旅游为主体的生态资源融合型民营企业，企业负责人任建舟。公司已流转土地1450亩，拥有养殖水面1300亩（其中名优特水产养殖面积400亩，大湖常规鱼类养殖面积900亩），年产鲜鱼635t，年接待游客近10万人次；公司现有职工51人，其中专业技术人员5人。2014年获农业部"水产健康养殖示范基地"、湖南省"无公害产品产地"和"标准化养殖示范基地"称号，2015年被农业部授牌"全国休闲渔业示范基地"，益阳市人民政府认定为"产业化龙头企业"，2017年获"全国五星级休闲农业示范基地"等称号。

公司渔业产业优势突出。渔业是公司的基础性主导产业，多年来，公司（图1、图2）依托黄杆湖独特的水域资源，把公司发展与渔业开发紧密结合起来，以渔业为载体，集渔业旅游观光、水产养殖、水产品加工于一体，打造了400亩精养池水产养殖基地，其中加州鲈养殖60亩，亩投放鲈鱼苗0.3万尾，每斤（1斤=500g）30尾，亩产量1500kg，亩产值5.1万元，亩利润1万元左右，总产值150万元左右，总利润60万元左右。

图1 公司基地全景照

图2 公司基地捕鱼照

二、技术要点

加州鲈（图3）属广温肉食性淡水
名贵鱼类，具有适应性广、生长快、病
害少、易起捕、肉味美、营养价值高、
市场前景好等特点，或将成为"第五大
家鱼"的主要养殖品种，是发展池塘高
效养殖的重要经济鱼类之一。

图3　加州鲈产品照

公司开展加州鲈高效养殖多年，具
有丰富的技术经验，产品受到消费者青睐，产生了良好的经济效益，现将公司加州鲈
高效养殖技术介绍如下。

1. 鲈鱼生活习性

鲈鱼适应性广，生长快，病害少。鲈鱼在14℃的水温以上就可正常觅食生长，在
本地区可自然越冬，有利于隔年养殖成为大规格商品鱼均衡上市。

2. 人工养殖条件

（1）池塘　池塘的面积在5～15亩，水源充足，水质清新，溶氧充足，水深2～
5m。池塘过小，水体窄，溶氧不足，难以高产；池塘过大过深，不利生产操作。池塘
要设进、排水涵闸分别通向进、排水渠，尽量不重复使用养殖水，以免二次污染，减
少病害的发生。

（2）机械配备　每3亩水面配备1台1.5kW的叶轮增氧机和1台1.5kW水车式增
氧机，每5亩左右配备1台1.5kW的涌浪机，最好是配备池塘自动溶氧控制仪，这是
高产养殖的基本条件；每口池塘配置2台以上的3kW抽水机（备用1台），以保证随
时可更换新水，没有进、排水闸的池塘更有必要；为了保障生产的顺利，除了电源线
路到塘头，供养殖机械使用，还要道路到塘头，以方便饲料和产品的运输，还要配备
1台发电机（根据设备用电量的大小配备）。

3. 种苗的选择和培育

加州鲈的苗种培育一般分为鱼苗培育阶段和鱼种培育阶段，鱼苗培育阶段常见的
有土池培育和水泥池培育两种方式。

（1）土池培育

① 池塘条件　培育加州鲈苗种的池塘以土池较好，要求长方形，东西向，背风向
阳最好。水源充足，水质好，不受污染，面积以3亩左右较为理想。池塘具有独立进
排水系统，池高2m，水深1.0～1.5m，池底淤泥控制在10cm以内。

② 池塘准备　冬季排干塘水，清除塘底过多淤泥，阳光曝晒，修补池埂及进
排水设施。次年3月初待水温稳定在15℃以上时加注新水至1.0m深，亩用生石灰

100～150kg 带水消毒，过 7d 后亩施用 5kg 左右黄豆浆培肥水质，或采用微生物制剂调节水质至最佳状态。

③ 水花放养

a. 放养时间　鱼苗下塘前约 10d 用生石灰、漂白粉、茶粕清塘，消毒后的塘进水 50～70cm，适当施肥，培肥水质，增加浮游生物量，透明度保持在 25～30cm，水色以绿豆青为好。

池塘经消毒培水后约 10～15d，待池塘中小型枝角类、桡足类等饵料生物达到高峰，并且水中亚硝酸盐、氨氮、pH 值等达标后及时投放加州鲈鱼水花。水温严格控制在 15℃以上，最好能达到 18℃以上，这样能确保鱼苗不被寒潮降温冻坏。

b. 放养密度　经检疫合格的鲈鱼水花每亩放养密度为 15 万～30 万尾，具体视管理水平、鱼塘的肥瘦程度而定。放养时温差宜控制在 2℃以内，避免鱼苗下塘应激死亡。

④ 饲养管理

a. 饵料生物培养　鱼苗下塘后，以水中的浮游生物为食，因此必须保持池水一定的肥度，提供足够的浮游生物，若浮游生物量少、饵料不够时，鱼苗会沿塘边游走，此时应及时补充饵料。

待鱼苗体长至 1.5～2cm 时，开始转入驯化阶段，以后逐渐过渡到配合饲料。鱼苗下塘后每隔 3d 亩用 2～3kg 豆浆或生物制剂培育微生物，尽量维持饵料生物数量。现在一般都选择用微生物制剂来培育轮虫，水质容易控制。

b. 鱼苗驯化　加州鲈的开口饵料是肥水培育的浮游生物，一般需要喂养 15d 左右，在鱼苗培育的过程中要注意以下几点：

水蛛培育首先是放苗前水蛛的培育，只要水蛛足够，育苗成活率就会高很多。鱼苗长到 6～7 朝后开始使用鱼浆 + 水蛛，连续一周后单纯投喂鱼浆；直到 5 朝后可以开始喂饲料，最初按照 10% 饲料 +90% 鱼浆比例投喂，然后逐渐增加饲料的比例，大概半个月后就可以全部转为饲料。每次投喂前拨动水面或冲水，吸引鱼前来摄食，并让其形成条件反射，每天投食 4～6 次，时间需达 6～8h。

由于加州鲈是肉食性鱼类，一旦生长不齐，就出现严重的相互残杀，特别是高密度的池塘育苗阶段，在 6cm 之前，互相残杀最严重，应根据鱼苗的生长情况（一般培育 15～20d）用鱼筛进行分级，分开饲养，有利于提高鱼苗的成活率。

⑤ 水质调节　适时加注新水，扩大水体空间。每隔 5d 左右施用微生物制剂调节水质。晴天中午开启增氧机 2～4h，避免鱼苗出现气泡病死亡。

⑥ 分级培育　鱼苗经 15～20d 左右培育，体长已达 2～3cm 左右，此时应及时进行分池饲养。先提前 10d 左右准备好分级池塘，培育充足的饵料生物，亩投放 3cm 左右的小规格鱼种 5 万尾左右，进行第二级培育至体长达到 4～5cm。此过程约需 10～15d，该阶段可定时定量投喂消毒后的水蚯蚓，并辅以灯光、水流等诱食。

⑦ 培苗期的其他管理　同塘放养的鱼苗应是同一批次孵化的鱼苗，以保证鱼苗规格比较整齐。培苗过程中应及时拉网分筛、分级饲养，特别是南方地区，放苗密度高，

需要过筛的次数也多。定时、定量投喂，保证供给足够的饵料，以保证全部鱼苗均能食饱，使鱼苗个体生长均匀，减少自相残杀，提高成活率。

定期巡塘。坚持在黎明、中午和傍晚巡塘，观察池鱼活动情况和水色、水质变化情况，发现问题应及时采取措施；投苗后注意天气防应激；鱼苗阶段机体抵抗力弱，对外界环境变化敏感。

（2）水泥池培育

① 池塘准备　水泥池大小以 20 ～ 30m² 为宜，池壁光滑。放苗前应先清洗池子，并检查有无漏洞，如果发现有漏水现象，要及时进行修补。水深 20 ～ 25cm，以后每天加注少量新水，逐渐加至 50 ～ 70cm。

② 放养与培育　每立方米水体放养刚孵出的仔鱼 3000 ～ 5000 尾。鱼苗孵出后的第 2 ～ 3d 开始投喂开口饵料。初期应投喂小型的浮游动物，如丰年虫、轮虫、桡足类无节幼体，每天投喂 4 ～ 5 次，投喂量视幼鱼的摄食情况而增减。当鱼苗长至1.5 ～ 2.0cm 时，最好能转入池塘进行培育，且培育密度应适当降低，应投喂大型浮游动物，如枝角类、桡足类、水蚯蚓等。长至 2cm 以上时摄食量增大，可开始驯化（图4）。驯化方法同土池。

图4　8 朝鲈鱼苗

（3）鱼种培育

① 池塘条件　池塘面积 3 ～ 10 亩，水深 ≥ 1.5m，池塘淤泥 ≤ 15cm。进排水方便，水质清新，无污染源。

② 鱼种放养　池塘水质达标后，亩放养 3 ～ 4cm 规格鱼苗 30000 ～ 40000 尾，混养适量鲢、鳙鱼种，控制水质，配 3 寸（1 寸 ≈ 3.33cm）以上的鲢 50 尾、鳙 10 尾，也可以不放鳙鱼苗。

③ 饲料及投喂　投喂粗蛋白质 ≥ 40%、粗脂肪 ≥ 8% 的全价配合浮性饲料，日投喂 3 ～ 4 次，至年底可长至平均尾重 200g 左右。

④ 培育　鱼苗长至 3 ～ 4cm 的夏花规格后可开始转入鱼种培育阶段。在过筛分级后转入培育池，进行培育，在养殖过程中要依据不同规格来稀疏养殖密度。当鱼苗长至 5cm 时，适宜的放养密度为 1.2 万尾；而 10cm 左右的鱼种，适宜放养密度为5000 ～ 6000 尾。实践证明，采用分规格过筛、稀疏养殖密度的培育方法是提高加州鲈鱼种成活率的重要措施。为使鱼种生长相对较均匀，科学的投喂方式也特别关键，要注意以下两点：尽量在鱼塘中分几个地方投喂，这样可使投喂的饵料被充分摄食；尽量延长投喂时间，让每一尾鱼都能吃到饵料，并且能够吃饱，否则投喂太快，不仅浪费饲料，还败坏水质，鱼种规格会参差不齐。经过 50 ～ 60d 左右的培育，鱼种规格可达到 10cm 以上，再转入成鱼池塘中饲养。

4. 成鱼养殖

（1）**池塘管理** 用来养殖鲈鱼的池塘最好经过干塘、清淤和暴晒，尤其是多年养殖的旧塘。在放苗前半个月进行一次消毒，每亩施放生石灰 50kg 或使用 20mg/L 的漂白粉带适量池水消毒。如果未经干塘暴晒的，还要每亩使用 30kg 茶麸打碎浸水全塘泼洒，以彻底清除遗留的凶猛杂鱼。消毒后的池塘经滤网纳入新鲜水，每亩施放 3kg 复合肥或微生物制剂以培育浮游生物，水质微绿色或微褐色则可投苗。

（2）**饲料投喂** 人工颗粒饲料含蛋白质 36% ～ 40%，有适口的多种规格、营养成分比较全的全价营养饲料，并可经常拌入防病药物。人工饲料来源稳定，使用方便，尤其是对高密度养殖、减少水质污染、防止鱼病发生有积极的作用，饲料系数一般在 1 ～ 1.2。

因鲈鱼喜暴食，应适当控制投饵量，有利于降低成本、减少肠炎病的发生和水质的污染。投饵要做到定质、定时、定点、定量，一般日喂 2 餐，分别在上午的 7 ～ 9 时和下午的 4 ～ 6 时，日投喂量约为鱼体重量的 5%，积极观察鱼群的进食和健康状况，采取应对措施。鲈鱼抢食水中悬浮的饲料，下沉后不再摄食，颗粒饲料则要用浮性饲料。

（3）**投苗密度** 经中间培育的鱼种已达 10 ～ 15cm，每亩放养 2000 ～ 2500 尾为好，300d 的养殖期亩产量可达 1200 ～ 1500kg。投苗过密，池塘容易老化和发生鱼病，难以进行持续性生产。由于高密度养殖投饵多，鲈鱼又很少寻食塘底的剩饵，故每亩要投放 100 尾鲫鱼、20 尾花鲢和 50 尾白鲢，以减轻水质的污染和增加养殖效益。

（4）**水质管理** 保持水质清新和溶氧充足是十分重要的，主要方法有：勤换水，特别是在中后期，每天的换水量要达 30% 以上；勤增氧，鱼苗期可适当开动增氧机，随着鱼体的长大开动增氧机的次数愈趋频繁，尤其是在高温天气和养殖后期，白天可开动部分增氧机，夜晚则要开动全部增氧机，保持塘水的溶氧量在 5mg/L 以上；全程使用活水产品激活水体活性，并每 7 ～ 10d 补充 EM 菌、乳酸菌、芽孢等，维持池塘稳定菌相，并在养殖中后期补充磷肥及微量元素，保证池塘藻类持续旺盛稳定；及时施放微生物制剂，及时调水改底，高密度养殖给塘底带来大量的残饵和排泄物，有害物分解浓度高，大量消耗水中氧气，尤其是高温天气更为严重，这是鱼病产生的重要原因，适当施微生物制剂、水质改良剂，让有益菌群除去水中的氨氮和亚硝酸盐，保持良好水质。

5. 病害防治

（1）**氨氮中毒** 高温天气时，水中的氨氮含量高，甚至产生亚硝酸盐，致使鲈鱼缺氧中毒死亡。主要症状：全塘鱼群狂游不安，上下乱窜，鳍条充血，鳃丝暗红。防治方法：立即注入新水，放出老水，注水时注意用木板把水挡散，以免直接冲起塘底污物加速鱼的死亡；每亩施放氟石粉（底质处理剂）10 ～ 15kg，中和水中氨氮；发病前注意用生物制剂预防。

（2）**车轮虫、斜管虫、聚缩虫病** 多发生在中间培育阶段鱼的体表和鳃丝。症状为鱼体消瘦，体色变黑，口端糜烂，一年四季均有发病。预防上注意分解水体中有机质的积累，同时可以使用专用杀虫剂杀灭寄生虫。治疗可用 0.7～1mg/L 的硫酸铜及硫酸亚铁合剂（5∶2）全塘均匀泼洒。

（3）鱼鲺病　鱼鲺寄生于鱼的鳃部、皮肤和鳍条，使鳃丝上皮增生变形，炎性水肿，体表损伤，引起继发性细菌感染而死亡。治疗方法：按用法用量全塘泼洒专用杀虫剂。

（4）肝胆综合征　主要表现为吃食减少，有鱼游水并出现不明死亡，解剖鱼体发现肝脏萎缩、肿大或出现花肝且易溃烂，胆肿大的症状。主要原因是鲈鱼投喂所用冰鲜或饲料蛋白质、脂肪含量高，肝胆代谢压力大，鱼体肝脏代谢失调甚或代谢紊乱。从鱼苗期开始用内服药拌料投喂，修复肝脏细胞，促进肝脏代谢，即可预防此问题。

（5）烂鳃病　此病易暴发流行，死亡率高。主要症状：鱼体色发黑，尤以头部为甚，游动缓慢，对外界刺激反应迟钝，呼吸困难，食欲减退，鳃部黏液增多，鳃丝肿胀，末端糜烂，体消瘦，离群，最后致死。治疗方法：每 100kg 鱼每天用复方新诺明 6～8g，用氯制剂、碘制剂按用法用量全池泼洒。

（6）赤皮病、溃疡病　病鱼鳍基部充血、红肿、脱鳞，表皮腐烂，肌肉外露。此病多发生在高温季节，预防上可大量更换新水，定期使用生石灰，冬季干塘暴晒。治疗上可用 2 斤 / 亩的漂白粉全塘泼撒，高浓度碘按用法用量全池泼洒。

（7）肠炎病　病鱼食欲低，腹部膨胀，肛门红肿，轻压有黄色黏液流出，全年均可发生。治疗时先减料（最好能停喂一餐），用广谱抗菌药（如恩诺沙星、氟苯尼考等）拌饵投喂 7d 一般可痊愈。

（冷奏凯，孙浪，孟应德）

第六节
乌鳢健康养殖技术

一、典型案例

益阳来仪湖渔业发展有限公司（原益阳国营来仪湖渔场）（图1），地处益阳市赫山区泉交河镇来仪湖渔场，1972年建场，属国有企业性质，隶属于赫山区畜牧水产事务中心，法人代表盛可平（图2）。公司主要从事水产养殖，总面积130.1hm²，池塘精养面积1116亩，养殖农（渔）户76户340人，2020年年产鲜鱼1450t，产值1520万元，是区内集大水面综合开发与精养池塘为一体的重点水产养殖企业（图3）。2010年被国家农业部批准为"第五批农业部水产健康养殖示范场"，2014年5月在省农业厅通过了无公害农产品产地认证。2019年建成千亩"集中连片精养池塘养殖尾水治理示范工程"（图4）。

公司主要从事名特优水产品和"四大家鱼"等常规鱼类养殖，主要养殖品种有"中科3号"鲫鱼、草鱼、鳙鱼、鲢鱼、青鱼，鳜鱼、中华鳖、乌鳢、黄颡鱼、泥鳅等名特优鱼类。同时，健康养殖技术及无抗生素养殖技术研究多年，积累了大量的经验。

公司开挖的1.5亩乌鳢精养池，2019年8月上旬投放2寸左右乌鳢夏花1.5万尾、约100kg。2020年底乌鳢产量达到10000kg左右，产值20万元，纯利可超过5万元，成为了小面积特种高效养殖的典范。

图1 公司基地

图2 公司负责人盛可平在给乌鳢投料

图3　公司基地全景照　　　　　　图4　公司池塘养殖尾水治理省级示范样本工程

二、技术要点

乌鳢（图5），又名才鱼、黑鱼。其生长快，当年3两（1两=50g）苗种下池，在充足的饲料喂养下可达1kg以上，个别雄性个体可达到1.5kg以上；拥有特殊的生理器官：皮肤、原始的鳃、刚进化的初生态肺是其呼吸器官，因此在一定的缺氧环境下都能生存下来，对水体的水质要求不是特别高，适宜普通池塘的广泛养殖。乌鳢抗病力强，生长过程中有一种细菌性烂肤病为常见，可采用小面积、高密度集约化养殖，实现高投入、高产出、高效益的经营效果。现将公司乌鳢健康高效养殖技术经验介绍如下。

图5　乌鳢

1. 池塘条件

① 面积　3～5亩。面积过大，不适宜乌鳢集中喂养摄食；面积过小，水质容易变化，不利于乌鳢等的生长。

② 采用正常的池塘清塘、消毒方法。

③ 建立正常的进、排水设置，并加装防逃设施。

④ 建立封闭的保护设施，一般设置1.5m高的喷漆塑料围网，底部入土30cm。

⑤ 设置一个3m×3m的浮、沉连体饵料台（3亩面积设置一个）（图6）。

⑥ 按池塘面积投入1/4的水浮芦作为遮阴和栖息场所，尽量固定范围，防止蔓生。

⑦ 池塘尽量安装增氧设备和监控设备。

2. 鱼种放养

（1）放养规格与数量　乌鳢在幼体时生长速度最快，所放养的规格与数量应依计

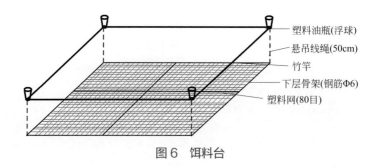

图6 饵料台

划设定。例如：按亩产5000kg、出塘平均规格1.25kg，亩放3两左右鱼苗4000尾。在养殖科技示范户中，出现了两极分化的现象：投放规格太小，增重效果明显，但出塘规格达不到市场要求，影响上市价格；投放规格太大（个别养殖户达到0.5kg规格），鱼类增重比太小，养殖效益同样不明显。值得注意的是，个体超过0.3kg的不宜作鱼种放养，这类鱼为两年生长的老口鱼，其中以雌体占60%以上，一旦放养会造成"只吃食，不长肉"。其他鱼类搭配原则为：鲢、鳙鱼100尾/亩，个体以0.75kg/尾为宜，年底出塘规格可达到3kg以上；甲鱼（鳖）10只/亩，0.5kg以上以雄体为主，出塘规格可达到1.5kg以上；其他鱼类均不宜放养。

（2）鱼种放养的其他要求

① 时间以冬季为宜。越冬期间，鱼类一般不摄食，不生长，尽早让其适应环境。

② 运输与放养要求操作细心。乌鳢的鳞片较其他鱼类小，运输要求不伤鳞片，以免造成水霉病，引发全池鱼类感染，此举亦为养殖成功的一个重要环节。

③ 鱼类消毒下塘一般只用高锰酸钾（PP粉），浓度为10mg/L，3min浸泡。不宜使用食盐水，否则造成脱粘伤肤。

3. 饲养与管理

（1）饲养

① 饵料种类　乌鳢为凶猛性肉食鱼类，其饲料应以高蛋白营养为主，一般以鲜、冻鱼类为主。早期为了驯化和集中摄食，少量、短期使用专用才鱼颗粒饲料。为降低饵料成本，可以收取外河"小鱼渣"、鱼塘刚死亡的其他鱼类、市场杀鱼的下脚料等，也可以开辟其他动物饵料来源。

② 饵料投喂要求　"定时、定位、定质、定量"是养鱼的一贯方式。按存塘鱼总重量的5%～8%每天投喂2次，视吃食程度适当增减；在固定的饵料台定点投喂，养成鱼争食、抢食、集中摄食的习惯，有利于鱼类生长，及防病、治病工作。投喂的饵料根据鱼的大小用机器切成适口饵料，以利鱼类摄食和消化。腐败变质的饵料忌投，池塘未吃完的饵料应及时清除。

（2）管理　①巡塘；②检查进、出水口及防逃设施；③每天观察鱼类吃食、健康状况；④建立好养殖档案；⑤防逃、防偷、防电捕伤鱼；⑥及时调节水质。

4. 病害预防

鱼苗下塘保证不伤鱼体外，饲养过程中的主要工作为：①每月适当加注 2 ～ 3 次新水；②定期泼撒生石灰，防病治病、调节水质，生石灰使用量 20kg/ 亩；③药物拌饵投喂是主要的防病、治病手段。推荐高效"促长肽"为养殖户使用。

5. 捕捞上市与经济效益分析

在益阳专养乌鳢，采用一年制为养殖周期，苗种培育与成鱼养殖严格分开。根据市场要求，1.25kg 以上个体为优质商品鱼。为了提高市场效益，不宜饲养台湾杂交乌鳢，以洞庭湖系天然才鱼为优质品种。其体型健美，深受市场青睐。固定投喂冰冻鱼饵料，饵料系数一般为 3，如果达到理想的上市个体规格，市场价格在 10 元以上。乌鳢养殖的经济效益可实现亩纯利 4 万元左右。通过信息平台，关注市场，适时上市，可有效提高养殖的整体效益。

（孙浪，冷秦凯，杨章泉）

第七节
湖藕 – 甲鱼高效套养技术

一、典型案例

益阳兰溪羊角渔业发展有限公司地处洞庭湖滨，烂泥湖畔，水系上连资江，下通湘江，位于益阳市赫山区兰溪镇羊角村，隶属益阳市兰溪镇管理的区内重点乡镇渔场。拥有养殖基地 111.616hm²，其中羊角渔场基地 66.274hm²，兰溪镇渔场基地 45.342hm²。公司是湖南省无公害水产品生产基地，公司负责人孙彩兵。公司养殖基地（图 1）生产设施齐全，水、电、路三通配套，鱼池全部护坡，道路硬化，并通过无公害农产品产地认定与产品认证。

图 1　公司基地照

公司生产的主要产品有鲫鱼、鳙鱼、草鱼、鲢鱼、青鱼、甲鱼等优质水产品。公司现有职工 126 人，承包户 84 户，总人数 402 人。2020 年产鱼 1550t，其中草鱼 500t，鲫鱼 750t，鳙鱼 300t，产值 1550 万元，利润 252 万元。2020 年发展藕塘套养甲鱼将近 300 亩，投放甲鱼 100kg/ 亩，亩产 175kg 左右，销售价格 160 ～ 200 元 /kg，亩产值 1.5 万元左右，利润达 1 万元左右。藕亩产 2000kg，亩产值 0.88 万元左右，亩利润 0.6 万元左右。总产值达 2.3 万元 / 亩，总利润达 1.5 万元 / 亩。

伴随着社会经济的发展和人民生活水平的提高，甲鱼丰富的营养价值和养生功能，催生了旺盛的市场需求。同时消费者对食品安全越来越重视，通常，野生的甲鱼价格要比人工饲养的甲鱼高出许多，也更加受欢迎。这就对饲养者提出了更高的要求。赫山区属亚热带气候，四季分明，气候温和，全年雨量充沛，日照充足，水网密布，河沟湖泊众多，水资源及地理条件较好，适合藕塘养殖甲鱼。在藕塘套养甲鱼能够成功仿制野生生态环境，甲鱼喜欢清洁且安静的环境，通过觅食鱼虾、水生昆虫等生活，并且需要水陆两栖的生活环境，既便于其躲藏外部刺激，又能在陆地晒太阳和遮阴，而藕塘基本上可以提供以上环境条件，使经济和生态双重效益的实现成为可能。但是要实现高产、安全的藕塘套养甲鱼，需要规范的养殖技术作为基础。

二、技术要点

公司开展藕塘高效套养甲鱼多年，取得了良好的经济效益和生态效益，现将公司养殖技术介绍如下。

1. 藕塘的生态环境建设

消费者之所以更青睐野生甲鱼，是因为野生的生态环境没有污染，生态系统复杂而稳定，甲鱼在自然状况下生长，安全又美味。这就意味着，饲养者必须人为营造出复杂且稳定的生态环境。

（1）藕塘的选择与建设　藕塘要符合野生生态的清洁和活力，藕塘地点，要近10年左右无洪水漫池干的记录，远离城市生活垃圾和工业污染。藕塘要有方便的灌水和排水设施，塘底尽量平坦，形状为东西方向的长方形为好。从基础建设上，要保证池塘不受干旱、洪涝和狂风的影响。莲藕的生长能够为池塘提供丰富的氧气，提高水的含氧量。池塘要有坚固的防止逃逸的设施，池塘底部、周边应该用铁丝网网住，防止逃逸。

为了实现良好的仿野生生态状态，建议可以将甲鱼与鲢鱼或者鳙鱼进行混养，鱼类的活动可以促进水的流动，这两种鱼还会以甲鱼的粪便为饲料，清洁甲鱼的粪便有利于池塘保持卫生，还能够减少甲鱼相互传染疾病的隐患，同时也增加了经济效益。虽然藕塘套养甲鱼与混养鱼为藕塘提供了更多的肥料，但是并不是不需要施肥。合理的施肥能够促进藕的生长，并且提供更多的浮游生物，提高池塘生态多样性。增加池塘内的浮游生物，可以促进水草、昆虫的繁殖，从而有效补充人工提供的饲料，丰富甲鱼的营养。因此可以根据水的肥瘦投放经充分发酵腐熟的有机肥料。一般藕塘套养甲鱼，透明度在25cm左右，如果透明度过高，反倒不利于甲鱼的躲藏和自行觅食。

（2）藕塘内搭建甲鱼的活动场所　两栖动物的甲鱼需要食台和晒台才能保障健康。为了仿照野生状态，食台可以用木板搭在池塘的边缘，可以在池塘的另一边用砂子堆出晒台，便于甲鱼进行背部晾晒。为了促进甲鱼的正常运动，保持其自然习性，晒台和食台都要延伸至水面以下，形成良好的坡度，为甲鱼提供缓慢爬行的场所。食台和晒台都要定期清洁消毒。

2. 饲喂技术

甲鱼属于杂食性动物。仿照野生生态饲养，就要确保饲料原材料的多样性和新鲜度。通常动物性饲料为新鲜的小杂鱼和动物内脏，植物性饲料有新鲜的南瓜、胡萝卜以及其他各类蔬菜。为了避免新鲜食材自身携带病菌而影响甲鱼的健康，动物性饲料和植物性饲料在投喂之前，要先用4%～6%的淡盐水进行浸泡，浸泡10min后，再用清水漂洗干净。另外，仿照野生生态饲养，并不等于拒绝人工合成饲料，在以上新鲜饲料的基础上也要适度投喂人工合成的全价甲鱼饲料。甲鱼的天性比较敏感，遇到声音和刺激就会躲起来，夜晚出来活动多。因此饲料投喂可以分为上午一次和傍晚一次，而且傍晚投放量要占一天的绝大部分，约60%。在甲鱼苗投放到池塘3d以后就可以进行投喂训练了。

3. 藕塘养甲鱼的保护措施

藕塘养甲鱼，要营造出有利于甲鱼安全快速成长的环境，同时也要避免天然伤害。真正的野生甲鱼价格昂贵且稀少，是因为自然环境中，甲鱼的天敌较多。因此，藕塘养甲鱼要注意从以下几个方面保护甲鱼不被伤害。

① 要防止天敌伤害，在防止甲鱼逃逸的基础上，池塘周围的铁丝网也要阻止蛇、老鼠进入，设置捕鼠器，每天进行池塘巡视。

② 要防止甲鱼群内部的相互伤害。甲鱼天生好斗，因此不同大小的甲鱼不能混养在一起。体形特别小的甲鱼不能和体型较大的甲鱼混群饲养。每个池塘要控制好公母甲鱼的数量，因为当甲鱼在性成熟交配时，公甲鱼因生长速度比母甲鱼快，往往把母甲鱼咬伤，可以考虑公母甲鱼在性成熟之前分开池塘饲养，避免争斗伤亡。

③ 要时刻监测水质，如果甲鱼出现死皮烂皮现象，则可能是水质受到污染，要及时进行池塘消毒。对于已经出现病症的甲鱼要拿出来进行隔离，防治疾病扩散。当外界环境发生变化后，及时观察甲鱼的反应情况，例如暴雨过后，要及时巡塘，防止甲鱼逃跑。

很多甲鱼养殖户，为了尽快取得产量收益，通过人为加热手段，干预甲鱼的冬眠，这样可以缩短生长周期，从原来的4～5年缩短到12～14个月。藕塘套养的养殖方式不宜强行干预甲鱼的冬眠习性，应该尊重自然规律，这种模式饲养出的甲鱼才不输于野生甲鱼的营养价值和美味，才能实现经济和生态双重效益。

（冷奏凯，孙浪，孟应德）

参考文献

[1] 陈胜文，何永梅，等.千家洲湖藕生产技术.科学种养，2019，（03）：57-60.

[2] 张有民，王长波，王迪轩，等.湘北地区叶用芥菜程式化栽培技术.科学种养，2020，（01）：29-31.

[3] 何永梅，王迪轩，等.丝瓜露地程式化栽培技术技术要领.科学种养，2020，（02）：31-32.

[4] 王长波，王迪轩，等.湘北地区香菇秋季室外代料程式化栽培技术要领.长江蔬菜，2020，（07）：41-47.

[5] 王迪轩，等.益阳市早春黄瓜大棚栽培典型经验.中国蔬菜，2021（8）：113-115.

[6] 王迪轩，曹建安，何永梅.蔬菜程式化栽培技术.第二版.北京：化学工业出版社，2020.

[7] 李赛群.茶树良种与栽培.北京：中国农业出版社，2020.

[8] 田景涛，陈玲.茶树栽培与良种繁育技术.北京：中国轻工业出版社，2020.

[9] 石春华，虞轶俊.茶叶无公害生产技术.北京：中国农业出版社，2011.

[10] 黄静，康彦凯.茶农之友.北京：中国文化出版社，2018.

[11] 肖强.无公害茶叶生产关键技术百问百答.第二版.北京：中国农业出版社，2009.

[12] 彭成绩，等.南方果树病虫害原色图鉴.北京：中国农业出版社，2017.

[13] 刘红彦，等.果树病虫害诊治原色图鉴.北京：中国农业科学技术出版社，2013.

[14] 刘友接，等.火龙果优良品种与高效栽培技术.北京：中国农业科学技术出版社，2019.

[15] 秦永华，等.火龙果优质丰产栽培彩色图说.广州：广东科技出版社，2020.

[16] 蔡永强.火龙果栽培关键技术.北京：中国农业出版社，2017.

[17] 凡改恩，胡群欢.果桑栽培与开发.北京：中国农业科学技术出版社，2017.

[18] 薛忠民，张正新.图说果桑栽培关键技术.北京：金盾出版社，2014.

[19] 束庆龙.油茶栽培与病虫害防治.合肥：中国科学技术大学出版社，2019.

[20] 韩宁林，赵学民.油茶高产品种栽培.第2版.北京：中国农业出版社，2021.

[21] 赵丹阳，秦长生.油茶病虫害诊断与防治原色图谱.广州：广东科技出版社，2018.